Jacob Makila

Térmitas comestíveis na região ocidental do Quénia

Jacob Makila

Térmitas comestíveis na região ocidental do Quénia

Isoptera: Termitidea

ScienciaScripts

Imprint

Cover image: www.ingimage.com

This book is a translation from the original published under ISBN 978-620-7-99835-7.

Publisher:
Sciencia Scripts
is a trademark of
Dodo Books Indian Ocean Ltd. and OmniScriptum S.R.L publishing group

120 High Road, East Finchley, London, N2 9ED, United Kingdom
Str. Armeneasca 28/1, office 1, Chisinau MD-2012, Republic of Moldova, Europe
Printed at: see last page
ISBN: 978-620-8-05802-9

TÉRMITAS COMESTÍVEIS DO QUÉNIA OCIDENTAL

Isoptera Termitidea

Resumo

Isoptera é uma ordem de insectos com muitas famílias. Termitidea é uma das maiores famílias de térmitas que contém muitas espécies. As térmitas comestíveis avaliadas pertencem a esta família Termitidea. As espécies avaliadas incluem *Allodontermes tenax*, *Pseudocanthotermes grandiceps* e *Macrotermes jeanneli*. Os aspectos avaliados incluíram a composição proximal, a preferência do consumidor e os métodos de conservação de *P. grandiceps*. Outros aspectos avaliados incluem taxas de sobrevivência em estudo laboratorial, preferência alimentar e conteúdo de aminoácidos de *A. tenax*, *P. grandiceps M. jeanneli.* Para a análise dos dados foi utilizada a ANOVA e o nível de significância foi fixado em 0,05. As médias±SE foram separadas pelo teste de Fisher de diferença mínima de significância (LSD). O software de análise estatística SAS 9.1 Copyright (c) 2002-2003 by SAS Institute Inc., Cary, Carolina do Norte, EUA, foi utilizado para efetuar todos os cálculos. Os resultados da composição proximal indicaram que *o P. grandiceps* tem baixos níveis de amido, 54% de proteína bruta, 9,0% de humidade, 10,8% de cinzas, 9,5% de fibra bruta, o que o torna um substituto perfeito para as refeições de carne de vaca e de frango preferidas por muitas famílias. Nos métodos de conservação tradicionais e modernos, apenas a secagem ao sol resultou numa perda maciça das principais fontes de nutrientes. A fritura e a torrefação melhoraram o apelo ao consumidor. A fumagem apenas alterou a textura, enquanto a salga e a congelação alteraram o teor de humidade e o sabor. A melhor espécie de térmita para a produção em massa é a *A. tenax*, uma vez que pode ser induzida a enxamear durante a estação seca e a sua casta operária mostrou uma taxa de sobrevivência mais elevada durante o estudo laboratorial. Verificou-se que as três espécies de térmitas têm os aminoácidos essenciais e não essenciais necessários, suficientes para abastecer todos os grupos etários humanos, exceto os bebés que têm uma maior necessidade de proteínas. O alimento mais preferido que aumentou a taxa de sobrevivência das três espécies foi a palha de trigo. Enquanto o menos preferido foi a madeira de pinheiro nas três espécies. A preferência alimentar e as taxas de sobrevivência foram altamente dependentes da localidade em que a espécie de térmita foi encontrada em abundância.

1.1 Antecedentes do estudo

As térmitas são insectos sociais alados que pertencem à ordem Isoptera e que têm uma longa história de consumo no oeste do Quénia (Bagine *et al.*, 2014). São um alimento rico em proteínas e, por isso, desempenham um papel crucial na dieta. As térmitas têm 560 calorias por 100 gramas, enquanto o bife da alcatra tem 322 calorias e o bacalhau tem 74. O teor de gordura das térmitas é dos mais elevados (Itakura, 2006). As térmitas estão distribuídas em diferentes zonas ecológicas no Quénia e as suas espécies são variadas (Wanyonyi *et al.*, 1984). A insegurança alimentar tem sido um problema grave no Quénia desde há muito tempo, devido a problemas recorrentes com condições meteorológicas pouco fiáveis, bem como a chuvas imprevisíveis e irregulares causadas por demasiado dinamismo no ambiente e estratégias agrícolas inadequadas (Were *et al.*, 2008).

As térmitas apareceram pela primeira vez na Terra há mais de 100 milhões de anos, durante as eras Mesozóica ou Paleozóica tardia. (Nyukuri *et al.*, 2014; Wilson & Nowak, 2014). As térmitas podem ser classificadas com base numa variedade de caraterísticas, incluindo morfologia externa e interna, tipo de alimento e ninho, variações químicas e variações comportamentais (Korb & Thorne, 2017). Yoro *et al* (2014) Mastotermitidae, Kolotermitidae, Termopsidae, Hodotermitidae, Rhinotermitidae, Serritermitidae e Temitidae são as sete famílias nas quais as espécies de térmitas identificadas foram divididas. Termitidae, a maior família, contém cerca de 2600 espécies, 14 subfamílias e 280 géneros. (Pranesh & Harini, 2015). Estas sete famílias podem ser divididas em térmitas inferiores e superiores com base na forma como digerem os seus alimentos. Os primeiros seis grupos constituem as térmitas inferiores, que dependem de simbiontes protozoários para a digestão. Os indivíduos com asas (alados) têm asas idênticas em tamanho e forma. As térmitas vivem em colónias que variam em tamanho de dezenas de milhares a milhões de indivíduos. As térmitas são uma família de insectos de tamanho médio, com mais de 2600 espécies, que são geralmente reconhecidas como um componente integral dos ecossistemas tropicais e subtropicais (Pranesh & Harini, 2015).

A fauna variada e a abundante população de térmitas que caracterizam o ambiente tropical são conhecidas pela sua importância para o ecossistema. A sétima família, Termitidae, contém 74% de todas as espécies de térmitas e mais de 80% de todos os géneros de térmitas. (Yoro *et al.*, 2014). Devido à sua atividade social avançada, a família Termitidae é por vezes referida como "térmitas superiores" (Havlíčková, *et al.*, 2019). As principais caraterísticas desta família são a ausência de protozoários intestinais simbióticos, colónias enormes (100.000 a milhões) e a presença de uma casta de trabalhadores.

Devido à sua localização nos trópicos e ao clima com uma ampla dispersão de espécies de térmitas, o Quénia, tal como a maioria dos ambientes tropicais, tem uma das biotas mais complexas do mundo. (Maslin *et al.*, 2014). Um número limitado de castas não reprodutivas pode fornecer uma riqueza de conhecimentos sobre o mecanismo de reprodução das colónias de térmitas através da análise genética (Korb *et al.*, 2021). A análise alozimática pode classificar rapidamente os sistemas de reprodução monogâmicos porque gera frequências genotípicas mendelianas consistentes. Este método também permite a investigação da estabilidade genética da colónia ao longo do tempo, sendo especialmente útil para espécies cujos hábitos de nidificação delicados ou difusos tornam a monitorização direta problemática (por exemplo, Kalotermitidae, Mastotermitidae, Rhinotermitidae). Apesar do papel potencial do parentesco na promoção da preservação da eusocialidade dos isópteros (Scharf, 2015; Korb *et al.*, 2021), a investigação anterior sobre a estrutura genética das colónias de térmitas tem sido mínima (Hyseni & Garrick, 2019). No entanto, os estudos genéticos revelaram informações importantes sobre os níveis de parentesco dentro das colónias (Korb *et al.*, 2021) e mostraram variações regionais nos sistemas de acasalamento de algumas espécies (Hartke, & Baer, 2011). Um estudo adicional sobre a estrutura genética das colónias de isópteros, semelhante ao realizado sobre a eusocialidade dos himenópteros (Yan *et al.*, 2014), parece provavelmente ajudar a compreender a diversidade do sistema de reprodução eussocial (Elgar, 2014).

Nasutitermes é um género altamente derivado com mais de 180 espécies (Boulogne, 2017) e está amplamente distribuído, ocorrendo em seis das oito principais regiões biogeográficas (de Faria Santos, 2017). Desde o início dos tempos, as pessoas consomem térmitas aladas em muitas regiões do mundo. A sua iguaria é bem conhecida no Quénia, possuindo um elevado teor proteico (Katayama, *et al* 2009; Kagezi, 2010; Costa-Neto & Dunkel, 2016), bem como uma abundância inquestionável (Katayama, *et al* 2009; Kagezi, 2010; Costa-Neto & Dunkel, 2016).

A insegurança alimentar continua a ser um problema no Quénia, mas o governo está a tentar resolvê-lo. A população do Quénia está a crescer a um ritmo de 6% ao ano. Historicamente, mais de 70% da população do Quénia depende significativamente da agricultura para a sua subsistência. Na década de 1970, os padrões climáticos favoráveis e o crescimento agrícola consistente de mais de 10% por ano conduziram a um aumento sem paralelo do PIB do Quénia de mais de 7% por ano, assegurando a manutenção do boom económico histórico da nação e eliminando as dificuldades com a segurança alimentar. A nação continua a depender largamente da agricultura para impulsionar a maior parte do seu desenvolvimento económico, fornecer alimentos, empregos e a maioria das necessidades fundamentais da população, apesar da miríade de problemas que têm assolado o sector (Boccara, 2020; Makila, 2018).

No entanto, devido a problemas persistentes de incerteza meteorológica, bem como de precipitação inconsistente e irregular, que podem estar ligados a um dinamismo excessivo das circunstâncias climáticas e a estratégias agrícolas inadequadas, a insegurança alimentar tem sido um problema significativo no Quénia desde há muito tempo. (Were *et al.,* 2008). Os preços dos fertilizantes aumentaram para um nível incomportável para os pequenos agricultores à medida que a liberalização do comércio e os programas de ajustamento estrutural (SAPS) foram implementados (Boccara, 2020). Em vez de se basear apenas na agricultura para criar desenvolvimento económico, devem ser consideradas outras fontes de alimentação. Foram analisadas várias fontes de alimentos numa tentativa de preencher o défice alimentar do país. Os produtos e subprodutos de origem animal e bovina têm sido utilizados em todas estas fontes de alimentos proteicos. Incluem-se fontes de proteínas de origem vegetal, como ervilhas, feijões, feijão-frade e soja, bem como fontes de proteínas de origem animal, como as farinhas de frango, vaca, pato, peru e porco. Embora sejam fontes de proteína desde há muito tempo, estão a tornar-se cada vez mais caras e fora do alcance da maioria das pessoas. Além disso, ter uma grande manada de gado pode resultar em confrontos frequentes. O gado é também vulnerável a doenças, à seca e à escassez de erva. Para evitar o problema iminente da insegurança alimentar, são necessárias novas formas de melhorar as fontes de proteínas. No entanto, para que estas dietas satisfaçam estas necessidades, têm de satisfazer os requisitos dietéticos e ser facilmente aceites pela população-alvo. (Gatlin *et al.*, 2007). Consequentemente, é necessário disponibilizar estes alimentos para satisfazer a procura do público em geral e produzi-los em grandes quantidades para serem embalados.

1.2 Descrição do problema

O Quénia depende fortemente da agricultura para satisfazer as suas necessidades alimentares. Nos últimos anos, as alterações climáticas inesperadas e imprevisíveis provocaram uma diminuição dos rendimentos e más colheitas. Por conseguinte, existe um sério risco de escassez alimentar contínua e ocasionalmente grave, que poderá ter um impacto negativo na nutrição e na saúde geral das pessoas. No Quénia, é necessária uma variedade de fontes alimentares, incluindo térmitas, para diminuir a atual escassez de alimentos no país. As térmitas são uma fonte de proteínas mais barata do que o peixe, a galinha e a carne de vaca. As térmitas no oeste do Quénia têm uma longa história de consumo durante as estações húmida e seca. São um alimento rico em proteínas e, por conseguinte, desempenham um papel importante na dieta. As térmitas têm 560 calorias por 100 gramas, enquanto o bife da alcatra tem 322 calorias e o bacalhau tem 74. O teor de gordura das térmitas é dos mais elevados (Itakura, 2006).

A atividade humana, por outro lado, tem tido um impacto significativo no habitat natural das térmitas, influenciando a distribuição dos montículos, bem como os padrões de enxameação e as quantidades de *Pseudocanthotermes grandiceps, Macrotermes jeanelli* e *Allodontermes tenax* ao longo do ano. E algumas espécies podem extinguir-se devido a esta tendência. As três espécies de térmitas mais abundantes na zona de investigação devem, por conseguinte, ser plenamente exploradas para a produção em massa e como indicadores das alterações climáticas.

1.3 Justificação

Uma vez que os factores abióticos influenciam o comportamento de enxameação das térmitas aladas, são de grande importância na tomada de decisões para a indução artificial, porque *A. tenax* tem sido tradicionalmente induzida a enxamear durante a estação seca (Bagine, 2014). A quantidade de enxameação é de grande importância na montagem de protocolos para produção em massa. A decisão sobre a espécie correta para a produção em massa dependerá das quantidades recolhidas durante os períodos normais de enxameação. Não é económico criar as térmitas artificialmente e depois recolher tão poucos alados após a enxameação. Os habitats das térmitas precisam de ser protegidos para evitar a extinção de algumas espécies devido à atividade humana. Os resultados do novo estudo irão promover a utilização de térmitas aladas no Quénia e diminuir a atual escassez de alimentos no país. As três espécies a serem estudadas ajudarão os nutricionistas a determinar as espécies de térmitas mais adequadas para serem utilizadas como alimento humano.

2.1 Área de estudo

2.1.1 Antecedentes e localização

Os condados de Trans Nzoia e West Pokot foram abrangidos por este estudo, no Quénia Ocidental (Figura 3.1). Um condado da antiga província queniana do Vale do Rift, o condado de Trans-Nzoia está situado 380 quilómetros a noroeste de Nairobi, entre o rio Nzoia e o Monte Elgon. A principal cidade do condado, Kitale, está localizada no centro da cidade. Cerca de 4 milhões de pessoas estabeleceram-se na região devido a oportunidades de emprego, enquanto outras estão lá em resultado da imigração. A sua economia é diversificada e centra-se principalmente na agricultura. A área está situada a uma altitude de 1.900 metros acima do nível do mar, latitude 1°1'8.72 "N, longitude 35°0'8.3 "E, enquanto o condado de West Pokot está situado a uma altitude de 1906 metros acima do nível do mar, respetivamente, latitude 1013'59.99 "N e longitude

35°07'0.12 "E. É um condado com uma estação seca prolongada e pouca precipitação. A produção animal, nomeadamente a criação de cabras e ovelhas, é a principal atividade económica Figura 3.1.3.1.2. Clima

A altitude e as caraterísticas físicas, como as escarpas e os picos vulcânicos, principalmente das colinas de Cherangani e do Monte Elgon, têm um impacto significativo no clima da área de estudo. O tempo é frequentemente ameno e quente. Em Kitale, a precipitação é bimodal e tem uma média de 1097 mm, ocorrendo precipitação mesmo no mês mais seco. A classificação climática de Köppen-Geiger é Cfb. A temperatura média anual é de 18,3 °C. A grande variabilidade térmica da região, que oscila entre 10,5 oC de mínima e 25,5 oC de máxima ao longo do ano, favorece o desenvolvimento das culturas agrícolas (KNBS, 2010).

2.1.2 População e posse da terra

Há um pouco mais de 1300000 pessoas a viver nos condados de Trans Nzoia e West Pokot, com uma população de cerca de 310 pessoas por quilómetro quadrado (KNBS, 2010). De acordo com o Censo de 2010, existem cerca de 822.850 agregados familiares na região de estudo. Tanto os indivíduos como as cooperativas são proprietários de terras, como evidenciado pelas numerosas explorações florestais que se encontram dispersas por toda a região.

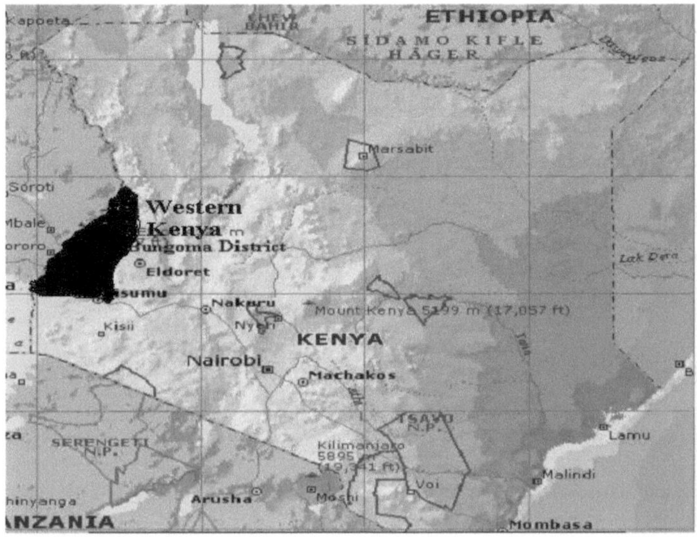

Figura 1: A localização da região de estudo está indicada num mapa do Quénia (Adaptado e modificado de Microsoft Encarta 2008)

2.1.3. Actividades económicas

A principal atividade económica humana na área de estudo é a agricultura através da agricultura e da pecuária, como a criação de gado bovino, ovino, caprino e suíno. As principais actividades agrícolas em todo o distrito incluem o cultivo de cereais como o milho. As culturas não-cereais cultivadas incluem batatas e uma variedade de culturas em pequenas parcelas. Também se pratica a horticultura, a agro-silvicultura e a silvicultura.

Procedimento geral

3.1Concepção da investigação para a composição aproximada

O valor alimentar das térmitas foi efectuado através de uma análise proximal do teor de humidade, extractos isentos de azoto, proteínas brutas, lípidos brutos, cinzas e fibras brutas. Os perfis de ácidos gordos e de aminoácidos também foram avaliados para determinar os componentes proteicos. A preferência do consumidor foi feita através de questionários administrados pessoalmente que procuravam obter informações diretas sobre as questões da preferência do consumidor pelas espécies de formigas brancas.

3.1.1 Análise aproximada

As térmitas recolhidas foram analisadas em relação à proteína bruta (N_2 ×6,25), ao teor de lípidos brutos, à humidade e ao teor de cinzas, utilizando métodos padrão detalhados na AOAC (1995). A matéria seca (MS) foi determinada pela secagem dos ingredientes em estufa a 110°C por 24 h. A proteína bruta (N ×6,25) foi determinada pelo método Kjehdal após digestão ácida. O lípido bruto foi determinado pelo aparelho de Soxhlet. O teor de cinzas foi determinado por incineração num forno a 550°C durante 24 horas. A fibra bruta foi determinada por digestão com soluções de 1,25% H_2SO_4 e 1,25% NaOH. Os extractos isentos de azoto (NFE) foram calculados a partir das diferenças. A energia bruta foi calculada utilizando os factores de conversão para as proteínas, lípidos e hidratos de carbono previstos em Tacon (1998) e confirmada por um calorímetro de bomba adiabática. As composições de aminoácidos dos ingredientes dos alimentos para animais foram determinadas por um analisador automático de aminoácidos após a hidrólise da amostra durante 24 horas com HCl 6 M a 110°C. Os aminoácidos contendo enxofre foram oxidados com ácido perfórmico antes da hidrólise ácida. Todas as análises foram efectuadas, em duplicado, nas subamostras de cada tanque.

3.1.2 Conceção da investigação para as preferências dos consumidores

Foram utilizados entrevistas e questionários para recolher dados através de um inquérito transversal. Estes modelos são frequentemente utilizados para fins descritivos, explicativos e exploratórios (Labovitz e Hagedorn, 2006; Kothari, 2004). Foi utilizado para investigar a aceitação pelo consumidor das formigas térmitas e a sua sazonalidade na região.

3.1.3 População-alvo e dimensão da amostra

A população-alvo era constituída por todas as pessoas que consomem térmitas. O número é estimado em 1.000.000. O tamanho da amostra foi determinado a partir da população alvo usando a fórmula de Mugenda e Mugenda (1999) n = z^2(pq)/d^2

n = a dimensão da amostra pretendida

z = Desvio normal padrão (a 95% = 1,96)

d = o intervalo de erro aceitável (0,05)

p = a proporção de pessoas que consomem térmitas no Quénia Ocidental (80%)

q = a proporção de pessoas que não consomem térmitas no Quénia Ocidental (20%)

Com base no cálculo, a dimensão da amostra para este estudo consistiu em 240 pessoas da área de estudo. Este número foi considerado representativo da população-alvo de cada um dos subgrupos heterogéneos da área.

3.1.4 Estratégia de amostragem

Este estudo utilizou a técnica de amostragem sistemática em combinação com o método de amostragem intencional para selecionar os inquiridos para as entrevistas e aqueles que responderão aos questionários. Atualmente, existem 45 distritos administrativos na região. Pelo menos 5 pessoas de cada distrito, de áreas onde há alta densidade de térmitas, foram selecionadas aleatoriamente até se obterem os 240 inquiridos desejados. A técnica de amostragem aleatória garantiu que uma amostra representativa fosse selecionada com base em critérios probabilísticos, permitindo assim que cada pessoa tivesse a mesma hipótese de seleção. Mais 10 informantes chave foram incluídos na amostra para fornecer a informação profissional desejada sobre o assunto em questão.

3.1.5 Instrumentos e ferramentas de investigação

Foram utilizados questionários e entrevistas como principais instrumentos de recolha de dados. A seleção destes instrumentos foi orientada pela natureza dos dados a recolher, o tempo disponível e os objectivos do estudo. Uma vez que a investigação se debruçava sobre pontos de vista, opiniões, percepções e sentimentos, a melhor forma de recolher essa informação foi através de questionários e de um programa de entrevistas (Touliatos, 1998), uma vez que essas variáveis não podem ser diretamente observadas. Foram utilizados questionários com instrumentos semi-estruturados, de modo a obter um equilíbrio entre a quantidade e a qualidade dos dados recolhidos. Os dados foram recolhidos em momentos designados ao nível do agregado familiar. Os questionários foram entregues a pessoas que sabem ler e escrever e foi-lhes dada a oportunidade de os preencherem.

3.1.6 As termiteiras selecionadas aleatoriamente na região de estudo

Placa 3.1Monte de ácaros para: *A. tenax* Placa 3.2 : *Macrotermes jeannelli*

1°1'8.72 "N, longitude 35°0'8.3 "E 1^0 13'59.99 "N e 35°07'0.12 "E

Foi utilizado um desenho experimental quantitativo para correlacionar o comportamento de enxameação, as diferenças de aminoácidos, a preferência alimentar e as taxas de sobrevivência das três espécies de térmitas.

3.1.7 Análise de aminoácidos

Durante as chuvas prolongadas, quando se previa que estariam disponíveis, as térmitas aladas foram recolhidas na região de Kitale e West Pokot Nasukuta. 50% das colónias foram novamente amostradas sempre que estavam disponíveis depois de terem sido identificadas e mapeadas. A seleção dos locais de amostragem foi informada pela experiência anterior e por entrevistas com muitas partes interessadas que têm conhecimento sobre a localização de locais onde predominam as térmitas. As térmitas aladas foram recolhidas através da utilização de armadilhas colocadas no termiteiro. Utilizando uma amostragem destrutiva, as térmitas foram recolhidas abrindo as termiteiras. As amostras foram colocadas em frascos de recolha e transportadas para o laboratório para análise e ensaios. Alguns dos alados, juntamente com vários soldados pequenos e grandes e trabalhadores, foram preservados (em etanol a 70-80%) e transferidos para os Museus Nacionais do Quénia para identificação. Foram recolhidos cerca de 2000 indivíduos vivos de cada colónia. Os pequenos, os grandes ou os soldados e as operárias foram todos tratados da mesma forma nas colecções.

Os alados de térmitas foram recolhidos e o seu conteúdo de aminoácidos proximais foi determinado utilizando os procedimentos descritos na AOAC (2000). Depois de hidrolisar a amostra durante 24 horas com HCl 6 M a 110 C, os teores de aminoácidos das alatas de térmitas foram avaliados com um analisador automático de aminoácidos. Antes da hidrólise ácida, foi utilizado ácido perfórmico para oxidar um aminoácido que incluía enxofre. Uma porção do hidrolisado evaporado foi diluída com tampão de citrato de sódio e o seu pH foi elevado para 2,20 com hidróxido de sódio. A alíquota foi diluída com água antes de ser utilizada com os hidrolisados neutralizados. depois colocada num tubo de amostragem automática, através de um dispositivo de filtragem, e depois injectada num analisador. Para calibrar o analisador de aminoácidos, foi utilizada uma solução contendo norleucina do kit de padrão de aminoácidos. Para garantir a separação do pico na linha de base, as condições do analisador foram alteradas. A resolução mínima entre dois picos foi de 90%. O fator de resposta RF_{aa} para cada aminoácido foi calculado do seguinte modo

$$RF_{aa} = \frac{P_n \times W_{aa}}{P_{aa} \times W_n}$$

Em que P_{aa}= área do pico do aminoácido; P_n= área do pico da norleucina W_{aa}= peso do aminoácido, mg; W_n = peso da norleucina, mg.

O fator de padrão interno foi calculado do seguinte modo

IS=W_n x 2×10^{-2} Em que mg, norleucina = teor de norleucina em 20 ml de padrão de norleucina

O teor de aminoácidos da amostra de ensaio foi calculado do seguinte modo

$$AA, \% = \frac{P_{aa} \times RF_{aa} \times IS \times 100}{P_n \times W_s}$$

Em que P_{aa}=área de pico do aminoácido, P_n=área do pico da norleucina; W_s =peso da toma de ensaio, mg; RF_{aa}=fator de resposta do aminoácido; IS = fator padrão interno. As subamostras de térmitas foram submetidas a todas as análises em triplicado.

3.1.8 Taxas de sobrevivência durante os estudos laboratoriais

Foram efectuados estudos para determinar se o substrato é adequado para utilização em ensaios laboratoriais para outras espécies de Reticulitermes (*R. flavipes Kollar e R. virginicus* Banks) por Haverty (1979). No entanto, faltam estudos que examinem as taxas de sobrevivência de *P. grandiceps, M. jeanelli* e *A. tenax*. As experiências consistiram em testar as taxas de sobrevivência em: 1) cascas de espiga de milho em solo argiloso, 2) talo de milho em solo argiloso, 3) madeira de *eucalipto* em solo argiloso, 4) palha de trigo em solo argiloso, 5) madeira de pinheiro em solo argiloso e, por último, 6) apenas solo argiloso como substrato. O solo argiloso foi colocado num incinerador durante 24 horas para remover qualquer matéria orgânica presente no solo. As térmitas foram recolhidas em maio de 2017 em termiteiros em Kitale e West Pokot-Nasukuta, no Quénia. As amostras foram depois trazidas para o laboratório em frascos de recolha abertos. As térmitas foram fisicamente removidas após a sua chegada. Uma vez que estudos anteriores indicaram que os trabalhadores abaixo do terceiro estádio tinham uma baixa taxa de sobrevivência em ambientes laboratoriais idênticos, os insectos utilizados nestes ensaios eram, pelo menos, trabalhadores do terceiro estádio (Haverty, 1979,).

Para determinar as taxas de sobrevivência, foram efectuadas duas experiências (Haverty, 1979). Foram utilizados 15 vasos de criação com dimensões de 18x15x7 cm para cada experiência. Estes recipientes correspondiam a um desenho experimental com três tratamentos (cada um com a duração de duas, quatro ou seis semanas) e cinco réplicas.

A relação água/substrato utilizada nestes estudos foi de 1 volume de água para 4 volumes de cada substrato devido à importância da humidade para a sobrevivência destes insectos (Nobre *et al.*, 2007; Munizaga, 2007; Munizaga *et al.*, 2008; Arinana *et al.*, 2012; EN 118, 2013). A madeira de pinheiro é considerada o melhor material para experiências laboratoriais com *P. millitaris.* (Smythe & Carter, 1970; Perkins, 2012). Cada contentor incluía 150 térmitas operárias e aladas, que foram escolhidas aleatoriamente e mantidas numa câmara de criação em completa escuridão a uma temperatura constante de 24 oC e a um nível de humidade de 85% de humidade relativa. As amostras foram retiradas da câmara de criação após 2, 4 e 6 semanas, e o número de térmitas sobreviventes foi contado. A taxa de sobrevivência foi calculada como uma percentagem de térmitas que ainda estavam vivas depois de receberem cada tratamento. Para os substratos em teste (T1, T2 e T3), as durações foram de 2, 4 e 6 semanas, respetivamente.

3.1.9 Preferência alimentar durante os estudos laboratoriais

As experiências consistiram em testar a preferência alimentar utilizando: 1) cascas de espiga de milho em solo argiloso, 2) talo de milho em solo argiloso, 3) madeira *de eucalipto* em solo argiloso, 4) palha de trigo em solo argiloso, 5) madeira de pinheiro em solo argiloso e, por último, 6) apenas solo argiloso como substrato alimentar. O solo argiloso foi colocado num incinerador durante 24 horas para remover qualquer matéria orgânica presente no solo. As térmitas utilizadas neste estudo foram recolhidas em julho de 2017 de termiteiros em Kitale e West Pokot-Nasukuta, no Quénia. As amostras foram depois transportadas para o laboratório em frascos de recolha abertos. Uma vez lá, as térmitas foram manual e cuidadosamente extraídas. Os insectos utilizados nestas experiências eram operárias de, pelo menos, larvas do terceiro estádio (Ho & Kirton2007,).

Foram efectuadas duas experiências para determinar as taxas de sobrevivência (Haverty, 1979; Ho & Kirton, 2007). Para cada experiência, foram utilizados 15 recipientes de criação com 18x15x7 cm. Estes recipientes correspondiam a um desenho experimental com três tratamentos (de 2, 4 e 6 semanas de duração) com 5 réplicas cada.

Uma vez que a humidade é um fator tão importante na sobrevivência destes insectos, as proporções de água/substrato utilizadas nestas experiências foram de 1 volume de água para 4 volumes de cada substrato (Nobre *et al.*, 2007; Munizaga, 2007; Munizaga *et al.*, 2008; Arinana *et al.*, 2012; EN 118, 2013).

Um total de 150 térmitas operárias e aladas selecionadas aleatoriamente foram introduzidas em cada recipiente, que foram mantidos numa câmara de criação em escuridão permanente a uma temperatura constante de 24±2 °C e a 80±5% de humidade relativa. Após 2, 4 e 6 semanas, as amostras foram retiradas da câmara de criação e as térmitas sobreviventes foram contadas. A câmara de criação com o maior número de térmitas sobreviventes foi considerada o substrato alimentar preferido para a espécie em causa. A taxa de sobrevivência foi estimada como percentagem de térmitas sobreviventes encontradas para cada tratamento dos substratos testados.

3.2 Recolha de amostras de formigas brancas

Durante períodos de chuva prolongados, quando se previa que estariam disponíveis, foram recolhidas térmitas aladas de vários locais no Quénia Ocidental, incluindo Kitale, Sikhendu e a exploração pecuária de Nasukuta. As colónias foram identificadas e cartografadas, e 50% das colónias foram submetidas a uma segunda amostragem sempre que as térmitas estavam presentes. A seleção dos locais de amostragem foi informada pela experiência anterior e por entrevistas com numerosos intervenientes regionais que conhecem bem a localização de locais onde predominam as térmitas. Utilizando armadilhas colocadas no cupinzeiro para apanhar as térmitas, as térmitas aladas foram recolhidas. Utilizando amostragem destrutiva, as térmitas operárias foram recolhidas. A termiteira foi aberta para recolher as térmitas. Foram utilizados sacos de plástico com as amostras recolhidas para as transportar para o laboratório para análise e testes experimentais. Os Museus Nacionais do Quénia conservaram algumas das térmitas, juntamente com alguns soldados e operárias menores ou grandes, para identificação morfológica.

De cada colónia, foram recolhidos cerca de 2000 indivíduos vivos. Não foi feita distinção nas coletas entre pequenos e grandes trabalhadores ou guerreiros. Uma vez que já tínhamos realizado entrevistas com os habitantes locais relativamente à utilização e armadilhagem de térmitas no nosso trabalho anterior, não foi realizada nenhuma desta vez (Bagine, *et al.*, 2014).

3.3 Análise dos dados

Os dados foram analisados da seguinte forma: as variáveis sobre o comportamento de enxameação e as diferenças nos perfis de aminoácidos para as três diferentes espécies de térmitas foi feito usando o teste do Qui-quadrado. Enquanto a relação entre os tempos versus os vários substratos e as taxas de sobrevivência foi feita usando

ANOVA. A separação das médias foi feita através do teste LSD de Fisher. O programa de análise SAS 9.1 Copyright (c) 2002-2003 by SAS Institute Inc., Cary, North Carolina, USA foi utilizado para efetuar todas as análises estatísticas. Após a análise, os dados foram apresentados em tabelas e gráficos de barras.

RESULTADOS

4.1 Contexto socioeconómico dos inquiridos

Os antecedentes socioeconómicos dos inquiridos são apresentados no Quadro 4.1. A distribuição por sexo, níveis de educação e salário foi significativamente diferente entre os inquiridos ($p < 0,05$), enquanto a distribuição por idade entre os inquiridos não foi significativamente diferente ($p > 0,05$). Muitos dos inquiridos eram do sexo feminino, com níveis de ensino secundários. O salário auferido pela maioria dos inquiridos era superior a Kshs. 1001-5000 por mês.

Tabela 4.1: Contexto socioeconómico dos inquiridos

	Variáveis	**Frequência**	**Percentagem**
Idade (anos)	< 25	28	11.7
	25-35	68	28.3
	36-45	72	30.0
	46-55	47	19.6
	> 55	25	10.4
	Total	240	100
Género	Feminino	162	67.5
	Masculino	78	32.5
	Total	240	100
Níveis de ensino	Nenhum	21	8.8
	Primário	61	25.4
	Secundário	105	43.8
	Faculdade	47	19.6
	Universidade	6	2.5
	Total	240	100
Salário (Kshs.)	< 1,000	18	7.5
	1,000-5,000	97	40.4
	5,001-10,000	72	30.0
	10,001-20,000	45	18.7
	> 20,000	8	3.3
	Total	Total	100

4.2 Composição aproximada das térmitas utilizadas como alimento no Quénia Ocidental

As composições dos ingredientes e o perfil dos aminoácidos essenciais (EAA em g/100 g de ração) das térmitas, quando comparados com duas outras dietas proteicas comumente consumidas pelos residentes locais no estudo, são fornecidos na Tabela 4.2. O teor de humidade foi semelhante para todas as três dietas testadas, com cerca de 10% do peso corporal das térmitas. O conteúdo proteico das térmitas foi de 54% que foi, no entanto, significativamente o mais baixo entre os itens alimentares analisados ($p < 0,05$). O teor de lípidos brutos das térmitas foi de cerca de 9%, que foi, no entanto, significativamente ($p < 0,05$) o mais elevado quando comparado com a carne de vaca e o peixe por um fator de 4,5 ×. O teor de cinzas da formiga branca variou de 9,2 a 10,9%, mas foi significativamente ($p < 0,05$) o mais alto quando comparado com a carne bovina e o peixe. 8-10% das formigas, da carne de vaca e do peixe eram fibras brutas, mas as diferenças não foram significativas ($p > 0,05$). O conteúdo total de hidratos de carbono foi significativamente mais elevado na carne de vaca do que nas rações para formigas e peixes ($p < 0,05$). A energia bruta derivada do consumo de 100 g de formigas foi de 4,2 kcal, que foi significativamente ($p < 0,05$) a mais baixa do que a energia bruta derivada do peixe e da carne bovina. O perfil de aminoácidos das rações também foi analisado e, com base nos escores de aminoácidos essenciais, o EAA da formiga branca foi o mais baixo (24,5 g/100g), enquanto o do peixe foi o mais alto. No entanto, o perfil da pontuação de EAA como percentagem das proteínas brutas nas rações foi semelhante para todas as rações, com 46%.

Quadro 4.2: Composição aproximada (g100 g^{-1}) da farinha de formiga branca e de dois outros alimentos proteicos comuns com os seus perfis de aminoácidos. Os valores são médias ± SEM. Os aminoácidos não foram analisados em triplicado.

	Produtos alimentares			ANOVA	
Ingredientes (% com base na alimentação)	*Térmita*	*Peixe*	*Carne de vaca*	Valor F	*valor de p*
Matéria seca	90.2 ±	89.6 ±	90.21 ±	0.432	0.532
Proteína bruta	53.9 ±	66.9 ±	62.22 ±	5.42	0.004
Lípidos brutos	9.35 ±	5.54 ±	6.23 ±	9.785	0.000
Cinzas	10.81±	3.31 ±	3.30 ±	10.225	0.000
Fibra bruta	9.53 ±	8.27 ±	10.24 ±	1.954	0.094
NFE	6.61 ±	5.58 ±	8.03 ±	3.963	0.013
Energia bruta (kcal 100 g^{-1})	4.19 ±	4.53 ±	4.43 ±	1.562	0.234
Aminoácidos essenciais (g 100g^{-1})					
Histidina	3.02	3.95	2.25		
Isoleucina	2.56	2.98	3.31		
Leucina	2.36	2.64	2.41		
Lisina	5.79	5.21	5.04		
Metionina	2.78	3.56	3.51		
Fenilalanina	4.01	5.39	4.92		
Treonina	2.64	4.01	4.22		
Valina	1.32	3.87	2.99		
Total CEA	24.5	30.6	28.6		
Rácio:EAA:CP	45.4	46.2	46.0		

O consumo médio estimado de térmitas foi de 0,15 g por dia, o de carne de vaca foi de 0,11 g por dia e o de peixe foi de 0,08 g por dia para a população amostrada, com base nos questionários de frequência alimentar (QFA). A ingestão dietética estimada (EDI) calculada dos vários ingredientes e aminoácidos essenciais é fornecida na Tabela 4.3. Com base na tabela, os níveis de proteína bruta consumidos pelos inquiridos por dia foram de 80 g/100g nas térmitas e os mais baixos na carne de vaca, com 50 g/100g de alimento. A absorção de lípidos brutos também foi mais elevada nas térmitas e mais baixa na carne de vaca. No entanto, o consumo de térmitas forneceu mais cinzas e fibra bruta aos habitantes locais do que o peixe e a carne de vaca. No que diz respeito à absorção de aminoácidos essenciais, as térmitas forneceram os níveis mais elevados de todos os aminoácidos essenciais em comparação com o peixe e a carne de vaca. No entanto, com exceção da lisina, nenhum dos alimentos consumidos forneceu a dose diária necessária de EAA.

Tabela 4.3: Ingestão alimentar média calculada (g/100 g/dia) dos vários ingredientes e aminoácidos essenciais

Ingredientes (% com base na alimentação)	*Produtos alimentares*			
	Térmita	*Peixe*	*Carne de vaca*	
Matéria seca	135.30	98.56	72.17	
Proteína bruta	80.85	73.59	49.78	
Lípidos brutos	14.03	6.09	4.98	
Cinzas	16.22	3.64	2.79	
Fibra bruta	14.30	9.10	8.19	
NFE	9.92	6.14	6.42	
Aminoácidos essenciais (g $100g^{-1}$)				Necessidades (g/100g)
Histidina	4.53	4.35	1.80	10
Isoleucina	3.84	3.28	2.65	20
Leucina	3.54	2.90	1.93	39
Lisina	8.69	5.73	4.03	4
Metionina	4.17	3.92	2.81	10
Fenilalanina	6.02	5.93	3.94	25
Treonina	3.96	4.41	3.38	15
Valina	1.98	4.26	2.39	26

4.3 Efeitos dos métodos de conservação na composição proximal das térmitas nos centros urbanos do Quénia

As térmitas foram então sujeitas a métodos comuns de preservação encontrados no Quénia e as alterações subsequentes na composição proximal foram analisadas. Os resultados são apresentados no Quadro 4.4. A congelação foi o único método de conservação que aumentou o teor de humidade das térmitas. A torrefação e a secagem ao sol resultaram no aumento mais significativo da perda de humidade nas térmitas. Por outro lado, a congelação não produziu uma redução significativa no teor de proteínas, enquanto que a torrefação e a separação resultaram na perda mais aparente do teor de proteínas brutas nas térmitas. O teor mais elevado de cinzas foi obtido no produto congelado, enquanto o teor mais baixo de cinzas ocorreu nas formigas secas ao sol e assadas. O teor de fibra bruta na dieta foi aumentado pela congelação, enquanto a secagem ao sol e a torrefação resultaram numa redução significativa do teor de fibra bruta na formiga branca. Finalmente, a energia bruta não sofreu alterações significativas em todos os métodos de conservação.

Tabela 4.4: Variação na composição proximal das térmitas em vários meios de conservação

Composição proximal	Normal	Seco ao sol	Fumado	Salga	Congelação	Assar
Matéria seca	8.8^{d}	4.8^{b}	6.9^{c}	7.5^{c}	11.8^{e}	3.8^{a}
Proteína bruta	52^{d}	48.6^{b}	50^{c}	50.1c	52.1^{d}	44.5^{a}
Cinzas	9.4^{c}	7.1^{a}	9.4^{c}	8.3^{b}	9.8^{d}	7.3^{a}
Fibra bruta	4.2^{c}	2.3^{a}	4.2^{c}	4.2^{c}	4.7^{d}	3.3^{b}
Energia bruta (MJ Kg^{-1})	18.4	18.1	18.2	18.2	18.0	18.2

Os valores médios em cada linha com uma letra comum sobrescrita não são significativamente diferentes uns dos outros ($P > 0,05$).

4.4 Preferências dos consumidores em relação às térmitas em vários centros urbanos do Quénia

Para determinar a preferência dos consumidores pelas térmitas, foi utilizada informação relativa aos critérios de preferência e às razões pelas quais os consumidores não preferem outras fontes alimentares tradicionais. O primeiro inquérito identificou que os habitantes locais consomem carne de vaca, aves, legumes, principalmente os tradicionais, couves, peixe e térmitas. Foi pedido aos consumidores que classificassem os alimentos que deveriam ser considerados uma iguaria e que deveriam ser recomendados a todos os quenianos, desde que estivessem disponíveis. Os resultados são os apresentados na Figura 4.1. As aves de capoeira e a carne de vaca obtiveram a classificação mais elevada, seguidas das formigas brancas e castanhas, respetivamente. O toucinho e as aves selvagens ocupam os lugares mais baixos.

Figura 4.1: Preferências por vários produtos alimentares entre os inquiridos da amostra

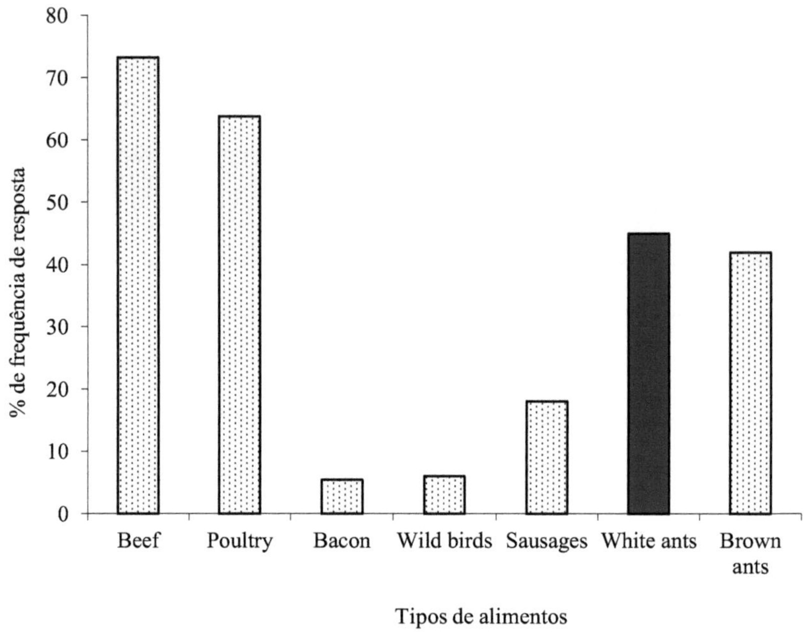

Também se procurou saber porque é que preferem as térmitas a outras fontes de proteínas. A informação relativa aos critérios usados para classificar as térmitas entre os consumidores inquiridos é mostrada na Figura 4.2. A maioria dos consumidores prefere as térmitas por causa dos seus laços culturais (54.2%) seguido pelo seu conteúdo nutricional (35.2%) enquanto outros acreditam que é menos dispendioso do que outros alimentos. O menor número acredita que os seus valores medicinais são susceptíveis de a tornar mais preferível.

Figura 4.2: Critérios utilizados para classificar a formiga branca como fonte de alimento

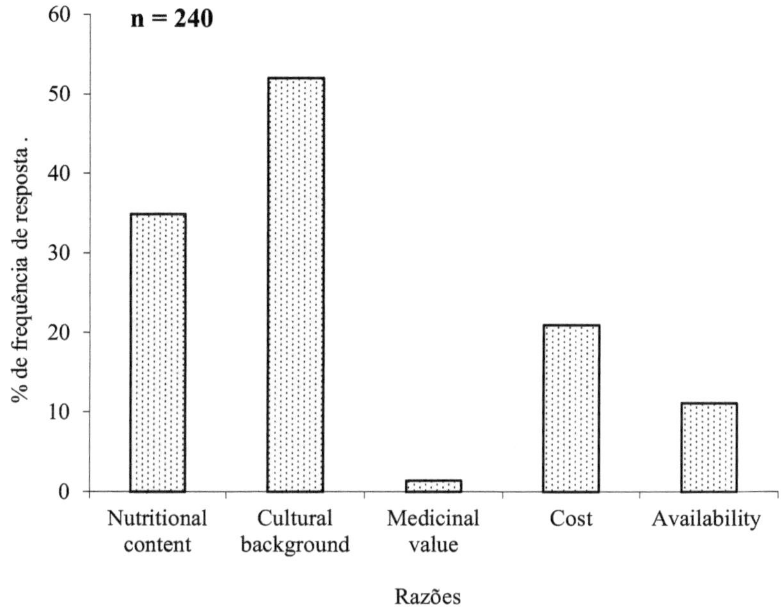

Mais informações sobre as razões pelas quais os consumidores não preferem as proteínas tradicionais, incluindo as térmitas, são apresentadas na Tabela 4.5. As principais razões citadas pelos consumidores para não preferirem as térmitas entre outras fontes de alimentos tradicionais incluem: custo elevado de obtenção de alguns destes alimentos, embora as térmitas não sejam caras, muitas pessoas acreditam que não é sazonal e, portanto, os seus custos podem ser relativamente mais elevados. Outros queriam abandonar as culturas antigas e tradicionais, adoptando os tipos de alimentos modernos. Outros ainda acreditam que a preparação das refeições com térmitas consome muito tempo, embora esta pareça ser uma resposta por ignorância.

Quadro 4.5: Razões pelas quais os consumidores não preferem as térmitas

	Frequência	Percentagem
Abandono da cultura e da tradição	67	27.9
Caro	28	11.7
Demora na preparação	86	35.8
Sazonalidade	58	24.2
Total	240	100

4.5.1 Estudos laboratoriais de taxas de sobrevivência de *Allodontermes tenax*

Tabela 4.6: Percentagens médias de sobrevivência de *Allodontermes tenax* ± SEM

Tratamento / Réplicas	Cascas de maçaroca de milho e argila	Talo de milho e argila	Madeira de *eucalipto* e argila	Palha de trigo e argila	Madeira de pinho e argila	Solo argiloso isolado
R1(2SEMANAS)	70.9±9.28a	78.5±5.99a	75.9±5.09a	92.2±2.54a	48±6.56a	6.8±1.97a
R2(4SEMANAS)	52.3±3.90a	70.0±12.22a	71.3±8.97a	87.1±3.94a	56.5±8.15a	0.8±0.49b
R3(6SEMANAS)	49.3±7.14a	42.9±6.79a	38.9±4.73b	67.5±6.17b	38.7±6.78a	0.0±0.00b

As médias nas linhas com as mesmas letras não diferem significativamente umas das outras (P > 0,05). A unidade de sobrevivência foi de 2 semanas, 4 semanas e 6 semanas, respetivamente. A taxa de sobrevivência mais elevada foi registada na palha de trigo e na argila, com uma média geral de 82,26%, seguida do caule de milho e da argila, com 63,82%. Para além da experiência de controlo, as taxas de sobrevivência mais baixas foram observadas na madeira de pinho, com 47,72%. Isto mostra que a palha de trigo aumentou a sobrevivência de *A.* tenax

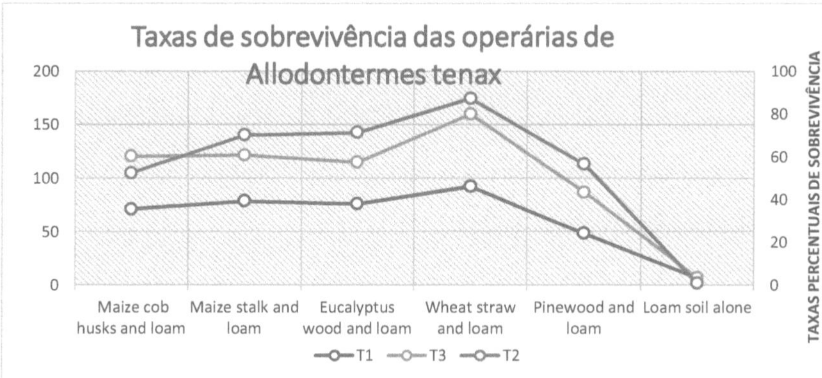

Figura 4.5 Taxas médias de sobrevivência em percentagem de *Allodontermes tenax*

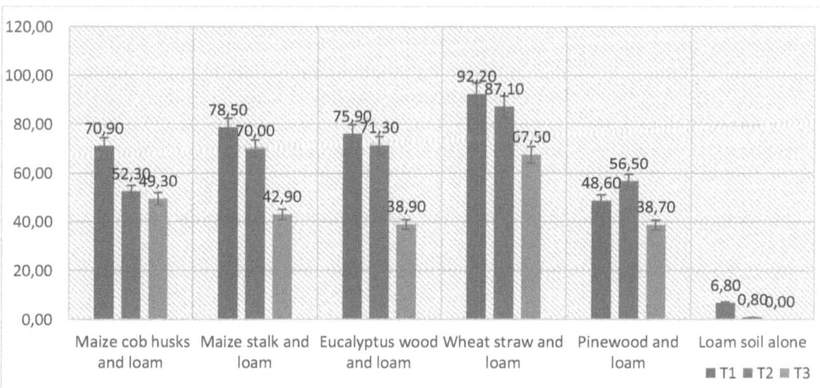

Figura 4.6. Taxas de sobrevivência das operárias de *Allodontermes tenax*

A partir da figura 4.4.1, as taxas de sobrevivência foram mais elevadas durante as duas primeiras semanas e depois começaram a diminuir a partir da quarta (4th) semana até à sexta (6th) semana em todas as substâncias alimentares que foram fornecidas às térmitas.

Os resultados também mostram que as cascas de espiga de milho e o solo argiloso não afectaram significativamente $P > 0,05$ a sobrevivência das térmitas. Da mesma forma, o caule de milho e o solo argiloso; a madeira de pinheiro e o solo argiloso não afectaram significativamente a sobrevivência das térmitas de *A. tenax* $P > 0,05$. No entanto, madeira de *eucalipto* e solo argiloso; palha de trigo e solo argiloso; solo argiloso sozinho afetaram significativamente a sobrevivência das operárias de *A. tenax* $P < 0,05$. As operárias sobreviveram mais com palha de trigo, enquanto mais mortes foram encontradas apenas com solo argiloso

4.5.2 Taxas de sobrevivência de *Pseudocanthotermes grandiceps* durante o estudo laboratorial

As taxas percentuais de sobrevivência mais elevadas foram observadas no caule de milho e na argila, com 78,5%, seguidas da palha de trigo e da argila, com 71,6%. As taxas de sobrevivência percentuais mais baixas foram observadas no pinhal e na argila, com 45,9%. A figura 4.4.3 mostra a distribuição dos valores em todos os tratamentos. Registou-se um declínio geral nos números da quarta para a sexta semana.

Não houve diferença discernível entre os tratamentos em cascas de sabugo de milho e argila, palha de trigo e argila, ou madeira de pinheiro e argila. T1, T2 e T3, $P > 0,05$. No entanto, o caule de milho e a argila, a madeira de *eucalipto* e a argila, o solo argiloso sozinho apresentaram diferença significativa entre os tratamentos $P < 0,05$. As taxas de sobrevivência mais altas foram observadas no caule de milho e argila em todos os tratamentos, enquanto as menores foram observadas no solo argiloso sozinho em todos os tratamentos.

Quadro 4.7: Percentagens médias de sobrevivência de *Pseudocanthotermes grandiceps* ±SEM

Tratamento / Réplicas	Cascas de maçaroca de milho e argila	Talo de milho e argila	Madeira de *eucalipto* e argila	Palha de trigo e argila	Madeira de pinho e argila	Solo argiloso isolado
R1(2SEMANAS)	66.4±8.75a	86.1±2.38a	71.2±4.82a	76.4±4.57a	45.1±6.06a	9.9±1.33a
R2(4SEMANAS)	65.8±11.64a	84.6±3.41a	67.2±8.49a	73.6±4.78a	54.7±7.35a	1.7±0.35b
R3(6SEMANAS)	46.2±6.77a	64.8±6.67b	36.7±4.51b	64.9±5.34a	38.0±6.03a	0.0±0.00b

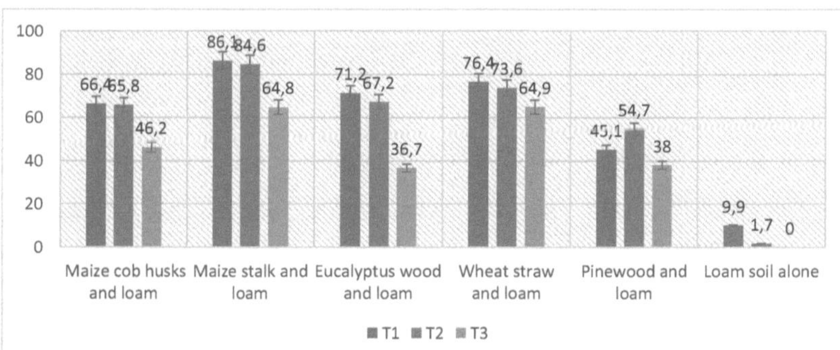

Figura 4.7 Taxas médias de sobrevivência em percentagem de *Pseudocanthotermes grandiceps*

O caule de milho e o solo argiloso apresentaram as taxas de sobrevivência mais elevadas, sendo a menor observada apenas no solo argiloso.

4.5.3 Taxas de sobrevivência de *Macrotermes jeanneli* durante o estudo laboratorial

Em geral, a taxa de sobrevivência de *M.jeanneli* foi a mais baixa quando comparada com *A. tenax* e *P. grandiceps*. Verificou-se um declínio geral nas taxas de sobrevivência das térmitas entre os itens alimentares, com as taxas de sobrevivência mais baixas observadas apenas na madeira de pinheiro e no solo argiloso e argiloso. A substância alimentar que fez com que as térmitas desta espécie sobrevivessem mais tempo do que as restantes foi a palha de trigo e a argila com 71,1% e a mais baixa foi 43,6% em madeira de pinheiro e argila. O quadro 4.11 mostra a distribuição das percentagens de sobrevivência para as diferentes categorias de alimentação.

Quadro 4.8 Taxas de sobrevivência de *Macrotermes jeanneli*

Tratamento / Réplicas	Cascas de maçaroca de milho e argila	Talo de milho e argila	Madeira de *eucalipto* e argila	Palha de trigo e argila	Madeira de pinho e argila	Solo argiloso isolado
R1(2SEMANAS)	62.0±8.19a	68.8±4.50a	64.3±3.65a	76.3±3.36a	43.6±5.41a	2.8±0.65a
R2(4SEMANAS)	58.5±9.14a	47.1±2.73b	59.9±7.33a	76.8±3.65a	52.3±6.44a	0.9±0.40b
R3(6SEMANAS)	43.3±6.11a	37.4±5.38b	35.6±3.68b	60.1±5.59b	34.8±5.71a	0.3±0.26b

A madeira de pinheiro e o loam, bem como as cascas de espiga de milho e o loam, não diferiram significativamente entre si (P > 0,05). Por outro lado, o caule de milho e o loam, a madeira de *eucalipto* e o loam, a palha de trigo e o loam mostraram uma diferença significativa entre os tratamentos P < 0,05. Assim, a duração do tempo afectou a sobrevivência das térmitas desta espécie.

4.6 Preferência alimentar das térmitas em estudo laboratorial

4.6.1 Preferência alimentar de *Allodontermes tenax*

Quadro 4.9: Percentagem média da preferência alimentar de *Allodontermes tenax*

Tratamento / Réplicas	Cascas de maçaroca de milho e argila	Talo de milho e argila	Madeira de *eucalipto* e argila	Palha de trigo e argila	Madeira de pinho e argila	Solo argiloso isolado
R1(2SEMANAS)	70.9±9.28a	78.5±5.99a	75.9±5.09a	92.2±2.54a	48±6.56a	6.8±1.97a
R2(4SEMANAS)	52.3±3.90a	70.0±12.22a	71.3±8.97a	87.1±3.94a	56.5±8.15a	0.8±0.49b
R3(6SEMANAS)	49.3±7.14a	42.9±6.79a	38.9±4.73b	67.5±6.17b	38.7±6.78a	0.0±0.00b

± SEM

Os valores médios em cada linha com uma letra comum não diferem significativamente uns dos outros (P > 0,05). A preferência alimentar foi mais elevada na palha de trigo e no barro, com uma média geral de 82,26%, seguida do caule de milho e do barro, com 63,82%. Para além da experiência de controlo, o alimento menos preferido foi a madeira de pinheiro, com 47,72%. Isto mostra que a palha de trigo é o alimento mais preferido para *A. tenax*. Houve muita atividade e construção de túneis à volta da palha de trigo do que de qualquer outro substrato alimentar na experiência.

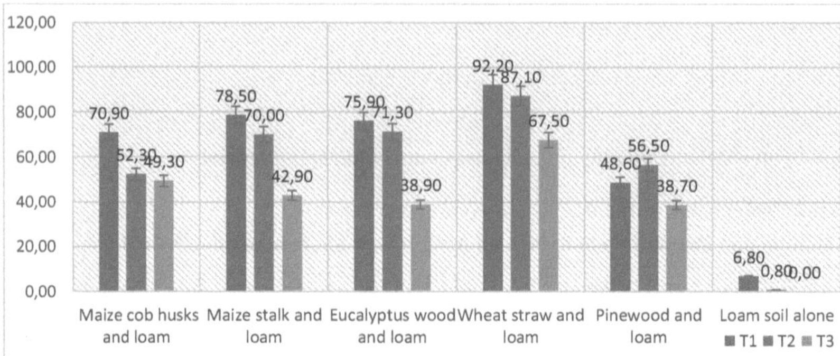

Figura 4.9 Preferência alimentar das operárias de *Allodontermes tenax*

A partir da figura 4.9, o número de térmitas foi elevado durante as duas primeiras semanas e depois começou a diminuir a partir da quarta (4th) semana até à sexta (6th) semana em todas as substâncias alimentares que foram fornecidas. Houve competição e esgotamento do alimento mais preferido, o que levou à acumulação de resíduos e, consequentemente, ao declínio dos números. O substrato alimentar menos preferido foi o menos consumido, o que levou à fome e à morte das térmitas.

Os resultados demonstram que nem o solo argiloso nem as cascas de espiga de milho influenciaram substancialmente ($P > 0,05$) a seleção de alimentos das térmitas. Da mesma forma, o caule de milho e o solo argiloso; a madeira de pinheiro e o solo argiloso não afectaram significativamente a preferência alimentar das térmitas de *A. tenax* ($P > 0,05$). No entanto, madeira de *eucalipto* e solo argiloso; palha de trigo e solo argiloso; solo argiloso sozinho afetaram significativamente a preferência alimentar das operárias de *A. tenax* $P < 0,05$. As operárias se alimentaram mais de palha de trigo, o que resultou em uma taxa mais alta de sobrevivência, enquanto que pouco se alimentaram apenas de solo argiloso, o que resultou em uma maior mortalidade em pouco tempo.

4.6.2 Preferência alimentar de *Pseudocanthotermes grandiceps*

Quadro 4.10: Percentagem média da preferência alimentar de *P. grandiceps*

Tratamento / Réplicas	Cascas de maçaroca de milho e argila	Talo de milho e argila	Madeira de *eucalipto* e argila	Palha de trigo e argila	Madeira de pinho e argila	Solo argiloso isolado
R1(2SEMANAS)	66.4±8.75a	86.1±2.38a	71.2±4.82a	76.4±4.57a	45.1±6.06a	9.9±1.33a
R2(4SEMANAS)	65.8±11.64a	84.6±3.41a	67.2±8.49a	73.6±4.78a	54.7±7.35a	1.7±0.35b
R3(6SEMANAS)	46.2±6.77a	64.8±6.67b	36.7±4.51b	64.9±5.34a	38.0±6.03a	0.0±0.00b

±SEM

A preferência alimentar mais elevada foi observada no caule de milho e na terra batida, com 78,5%, seguida da palha de trigo e da terra batida, com 71,6%. A percentagem mais baixa de preferência alimentar foi observada no pinhal e na terra batida, com 45,9%. A tabela 4.13 e a figura 4.10 mostram a distribuição dos valores em todos os tratamentos. Nas cascas de sabugo de milho e barro; palha de trigo e barro; madeira de pinheiro e barro, durante as seis semanas, não se registou qualquer diferença discernível entre os tratamentos ($P > 0,05$). No entanto, o caule de milho e o solo argiloso, a madeira *de eucalipto* e o solo argiloso apresentaram diferença significativa entre os tratamentos durante as seis semanas ($P < 0,05$). O alimento mais preferido por esta espécie foi o caule de milho e a argila. Enquanto o menos preferido foi o solo argiloso sozinho em todos os tratamentos. Não houve diferença significativa nas duas primeiras semanas em todos os seis substratos alimentares $P > 0{,}05$. No entanto, a partir da 4th semana até à 6th semana, houve uma diferença significativa entre os seis substratos alimentares.

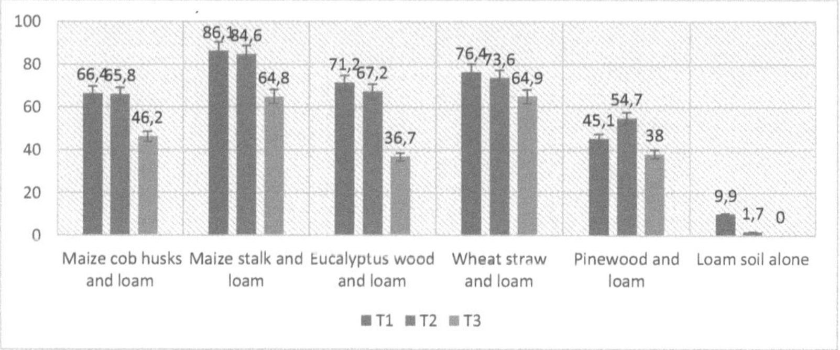

Figura 4.10 Percentagem média da preferência alimentar de *Pseudocanthotermes grandiceps*

O caule de milho e o solo argiloso foram os alimentos mais preferidos e o menos preferido foi o solo argiloso sozinho.

4.6.3 Preferência alimentar de *Macrotermes jeanneli*

Em geral, *M. jeanneli* mostrou a menor preferência em todos os seis substratos alimentares fornecidos, quando comparado com *A. tenax* e *P. grandiceps*. O alimento menos preferido foi a madeira de pinheiro com argila. O substrato alimentar mais preferido por esta espécie foi a palha de trigo e a argila, com 71,1%, e o menos preferido foi a madeira de pinheiro e a argila, com 43,6%. A Tabela 4.14 mostra a distribuição da preferência alimentar percentual entre os itens alimentares.

Quadro 4.11 Preferência alimentar de *Macrotermes jeanneli*

Tratamento / Réplicas	Cascas de maçaroca de milho e argila	Talo de milho e argila	Madeira de *eucalipto* e argila	Palha de trigo e argila	Madeira de pinho e argila	Solo argiloso isolado
R1(2SEMANAS)	62.0±8.19a	68.8±4.50a	64.3±3.65a	76.3±3.36a	43.6±5.41a	2.8±0.65a
R2(4SEMANAS)	58.5±9.14a	47.1±2.73b	59.9±7.33a	76.8±3.65a	52.3±6.44a	0.9±0.40b
R3(6SEMANAS)	43.3±6.11a	37.4±5.38b	35.6±3.68b	60.1±5.59b	34.8±5.71a	0.3±0.26b

A madeira de pinheiro e o loam, bem como as cascas de espiga de milho e o loam, não diferiram significativamente entre si (P > 0,05). Por outro lado, o caule de milho e o loam, a madeira de *eucalipto* e o loam, a palha de trigo e o loam revelaram uma diferença significativa entre os tratamentos P < 0,05. Assim, o tipo de alimento afectou a sobrevivência das térmitas desta espécie.

4.7Teor de aminoácidos

Quadro 4.12 Teor de aminoácidos

Aminoácido	*P.*grandiceps (g/100g)	*M.jeanelli* (g/100g)	*A.tenax* (g/100g)	Média	SD	CV %	χ^2
Lisina	6.44	7.8	4.16	6.13	1.84	30	0.607532
Treonina	4.36	3.91	3.2	3.82	0.58	15.3	0.044325
Valina	4.6	3.98	4.09	4.22	0.33	7.8	0.077451
Metionina	0.88	2.48	6.86	3.41	3.09	90.8	7.145698
Isoleucina	4.22	4.96	3.3	4.16	0.83	20	0.133807
Leucina	7.72	7.48	5.51	6.9	1.21	17.6	4.053052
Fenilalanina	4.58	3.36	2.54	3.49	1.02	29.4	0.355341
Triptofano	2.47	1.7	6.43	3.53	2.54	71.9	4.888299
Histidina	3.09	2.15	2.09	2.44	0.56	23	0.174922
Arginina	6.9	6.6	4.15	5.88	1.51	25.7	0.343642
Ácido aspártico	6.71	7.87	4.96	6.51	1.46	22.5	0.287363
Serina	5.39	4.06	4.14	4.53	0.75	16.5	0.183868
Ácido glutâmico	14.7	15.5	8.43	12.5	3.67	29.4	1.123141
Prolina	6.7	4.01	4.05	4.58	0.96	21.1	0.29152
Glicina	6.09	5.76	3.25	5.03	1.55	30.9	0.50788
Alanina	6.86	6.97	5.79	6.21	0.66	10.7	0.111876
Cisteína	0.6	1.89	3.92	2.14	1.67	78.2	3.37496
Tirosina	4.8	3.33	3.05	3.72	0.94	25.3	0.30558
Total				24.01026 $\chi2$=43,773		***P*** =	**0,05**

Houve uma diferença significativa, χ^2CALC (10,76044) > χ^2Tab (5,991), nas quantidades recolhidas entre as três espécies de térmitas relacionadas. A maior quantidade recolhida foi de *M. jeaneli* e a menor de *A.tenax.*

4.7.1 Amino Teor de ácido

A Tabela 4.5 mostra o teor de aminoácidos das amostras obtidas das três espécies de térmitas em (g/100g). DP = desvio padrão, CV% = coeficiente de variação percentual, χ^2 = Qui-quadrado, α = 0,05.

O conteúdo de proteína das três espécies de térmitas é mostrado na Tabela 4.5. O conteúdo de proteína obtido de cupins inteiros mostrou que *P. grandiceps* teve o maior 94,11g/100g enquanto *A. tenax* teve o menor 79,92/100g. A partir dos resultados, a proteína foi o principal componente nutritivo das três espécies de térmitas que foram analisadas. O ácido glutâmico foi o mais abundante nas três espécies. Ele variou entre 8,43g/100g e 15,5g/100g do total de aminoácidos analisados. O aminoácido menos concentrado foi a cisteína, com valores entre 0,60g/100g e 3,92g/100g. A leucina foi considerada o aminoácido essencial mais concentrado. Foi de 7,72g/100g de proteína bruta em *P. grandiceps*, 7,48g/100g em *M. jeanelli* e 5,51g/100g em *A. tenax*. A metionina foi o aminoácido essencial mais baixo em *P. grandiceps*, com 0,88g/100g de proteína bruta. A metionina é importante na síntese de colina, entre outras substâncias. A histidina foi o aminoácido essencial mais baixo tanto em *M. jeanelli* como em *A. tenax*, com 2,15g/100g e 2,09g/100g, respetivamente. A lisina também foi relativamente alta, variando de 4,16g/100g a 7,80g/100g. Verificou-se que o triptofano estava disponível em quantidades consideráveis de 1,70g/100 a 6,43g/100g, um aminoácido ausente na maioria dos outros alimentos proteicos (DeFoliart, 1991). A figura 2 apresenta um resumo dos aminoácidos essenciais. O aminoácido essencial mais abundante em *P. grandiceps* foi a leucina com 7,72g/100g, em *M. jeanelli* foi a lisina com 7,80g/100g e em *A. tenax* foi a metionina com 6,86g/100g. De acordo com a FAO (1985), as crianças em idade pré-escolar com menos de 5 anos necessitam de Leu (6,6 g/100g), Ile (2,8 g/100g), Lys (5,8 g/100g), Met + Cys (2,5 g/100g) e His (1,9g/100g). A partir dos resultados obtidos, as três espécies de térmitas têm o potencial de fornecer os aminoácidos necessários e até mesmo exceder os requisitos quando comparados com os requisitos da FAO, (1985). Não houve diferença significativa no conteúdo de aminoácidos das três amostras de térmitas.

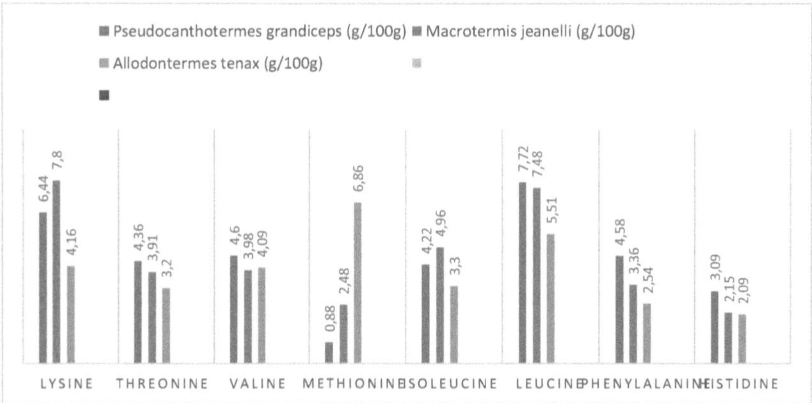

Figura 4.4: Aminoácidos essenciais para as três espécies de **térmitas**

A leucina foi o aminoácido essencial mais concentrado, com 7,72g/100g de proteína bruta em *P. grandiceps*, 7,48g/100g em *M. jeanelli* e 5,51g/100g em *A. tenax*. A metionina foi o aminoácido essencial mais baixo em *P. grandiceps*, com 0,88g/100g de proteína bruta. A histidina foi o aminoácido essencial mais baixo tanto em *M. jeanelli* como em *A. tenax*, com 2,15g/100g e 2,09g/100g, respetivamente

4.7.2. Classificação dos aminoácidos

Tabela 4.13. Classificação de Aminoácidos (g/100g Proteína Bruta) das espécies de Térmitas e suas Percentagens

Aminoácido	*P.grandiceps* (g/100g)	*M. jeanelli* (g/100g)	*A. tenax* (g/100 g)	Média	SD	CV%	χ^2
TAA	94.11	93.81	79.92	89.28	8.12	9.1	0.240886
TEAA com o seu	35.89	36.12	31.75	34.59	2.46	7.1	0.017995
N.o Seu %TEAA	32.8	33.97	29.66	32.14	2.23	6.9	0.011351
Com o Seu	38.1	38.5	39.7	38.7	0.83	2.6	0.482691
Não é dele	34.9	36.2	37.1	36.1	1.11	3.1	0.49989
TNEAA	31.66	34.4	23.32	29.8	5.77	19.4	1.141375
%TNEAA	33.6	36.7	29.2	33.2	3.77	11.4	0.237791
TAAA	20.41	23.37	13.39	19.1	5.13	26.8	1.758641
%TAAA	21.7	24.9	16.8	21.1	4.08	19.3	0.81495
TBAA	16.43	16.55	10.4	14.46	3.56	24.3	1.044602
%TBAA	17.5	17.6	13	16	2.63	16.4	0.384109
TNAA	57.27	53.89	56.13	55.8	1.72	3.1	0.619503
%TNAA	60.9	57.4	70.2	62.97	6.84	10.9	3.419493
TCEAA	24.09	21.59	18.42	23.4	2.84	12.1	0.370757
%TCEAA	25.6	25.6	23	24.7	1.5	6.1	0.00561
TEAlAA	28.1	27.4	22.74	26.1	2.91	11.2	0.187885
%TEAlAA	29.9	29.2	28.5	29.2	0.7	2.4	0.104163
TSAA	1.48	4.37	10.78	5.54	4.76	85.9	9.489002
%Cys/TSAA	40.5	43.2	36.4	40	3.42	8.6	0.0838

Rácio Leu/Ile	1.83	1.51	1.67	1.67	0.16	9.6	0.04701
Lys/Trp	2.6	4.59	0.65	2.61	1.97	75.5	2.594804
Met/Trp	0.36	1.46	1.07	0.96	0.56	58.1	0.635441
TOTAL					24.19175 **P = 0.05, χ^2= 55.758**		

O quadro 4.6 apresenta a classificação dos aminoácidos em aminoácidos essenciais totais (TEAA), aminoácidos condicionalmente essenciais totais (TCEA), aminoácidos não essenciais totais (TNEAA), aminoácidos totais (TAA), aminoácidos ácidos totais (TAAA), aminoácidos básicos totais (TBAA), aminoácidos neutros totais (TNAA), aminoácidos alifáticos essenciais totais (TEAlAA) e (TSAA).

O total de aminoácidos essenciais (TEAA) com o His variou entre 31,75g/100g e 36,12g/100g; sem o His variou entre 29,66 g/100g e 33,97 g/100g. Os requisitos da OMS para aminoácidos essenciais (EAA) com o His são os seguintes Bebé: 46,0 g/100 g; pré-escolar: 33,9 g/100 g; criança em idade escolar: 24,1 g/100 g; e adulto: 12,7 g/100 g. Sem His: recém-nascido 43,4 g/100 g; criança em idade infantil a pré-escolar 2-5 g/100 g; criança em idade escolar 10-12 g/100 g; e adulto 11,1 g/100 g. As três espécies de térmitas contêm os EAA nas proporções necessárias para fornecer satisfatoriamente a dieta humana a todos os grupos etários, exceto nos bebés. A porcentagem de TEAA foi consideravelmente mais alta com Histidina 38,1-39,7g/100g; sem Histidina 34,9 - 37,1g/100g em comparação com a porcentagem de TNEAA 29,2 - 36,7g/100g nas três espécies de cupins; da mesma forma, os TAAA foram mais altos 13,39 - 23,37g/100g em comparação com TBAA 10,4-16,55g/100g. O intervalo de TNAA foi de 57,4 - 70,2g/100g, mostrando que eles formaram a maior parte de todos os aminoácidos. O teor de TCEAA variou entre 18,42 e 24,0g/100g, enquanto o teor de Cys/TSAA variou entre 36,4 e 43,2g/100g. Os rácios Leu/Ile variaram entre 1,51 e 1,83 g/100 g, o que foi inferior aos 2,36 g/100 g necessários. Este estudo também mostrou que o rácio Lys/Trp variou entre 0,65 e 4,59g/100g, enquanto o rácio Met/Trp variou entre 0,36 e 1,46g/100g. As classes de aminoácidos das térmitas não diferiram significativamente nas três espécies de térmitas.

4.7.3. Grupos de aminoácidos das espécies de térmitas

Os grupos de aminoácidos são apresentados na Tabela 4.3.3. O grupo I inclui os aminoácidos alifáticos (Gly, Ala, Val, Leu e Ile); o grupo II inclui os aminoácidos com grupos OH (Ser e Thr); o grupo III inclui os aminoácidos com átomos de enxofre (Cys e Met); o grupo IV inclui os aminoácidos com grupos ácidos ou as suas amidas (Asp e Glu); o grupo V inclui os aminoácidos com grupos básicos (Lys, His e Arg); o grupo VI inclui os aminoácidos com anel aromático

Tabela 4.14. Grupos de aminoácidos das espécies de térmitas.

Grupos	*P.grandiceps* (g/100g)	*M.jeanelli* (g/100g)	*A. tenax* (g/100g)	Média	SD	CV%	χ^2
I	28.49	29.15	21.94	26.53	3.99	15	0.208774
II	9.75	7.97	7.34	8.35	1.25	15	0.160994
III	1.48	4.37	10.78	5.54	4.76	85.9	10.48238
IV	20.41	23.37	13.39	19.1	5.13	26.8	1.37478
V	16.43	16.55	10.4	14.46	3.52	24.3	0.708189
VI	14.94	10.54	14.11	13.2	5.64	42.8	1.290547
VII	5.7	4.01	4.05	4.59	0.96	21	0.275194
TOTAL				14.50086 **χ^2= 21.026**	***P***	=	**0.05,**

O grupo I variou entre 21,94- 29,15g/100g; o grupo II, 7,34- 9,75g/100g; o grupo III, 1,48- 10,78g/100g; o grupo IV, 13,39 - 23,37g/100g; o grupo V, 10,4- 16,55g/100g; o grupo VI, 10,54 - 14,94g/100g e o grupo VII, 4,01-5,70. Os grupos de aminoácidos das três espécies de térmitas não diferiram significativamente uns dos outros.

Quadro 4.15. Resumo do teor de aminoácidos

Grupos	*Pseudocanthotermes grandiceps* (g/100g)	*Macrotermis jeanelli* (g/100g)	*Allodontermes tenax* (g/100g)	χ^2
Total de aminoácidos essenciais	32.8	33.97	29.66	0.247638
Total de aminoácidos não essenciais	31.66	34.4	23.32	0.267171
Total			**P=0.05,** χ^2=5.991 0.51481	

O quadro 4.8 apresenta um resumo do teor de aminoácidos. O total de aminoácidos essenciais e o total de aminoácidos não essenciais não foram significativamente diferentes nas três espécies de térmitas.

DISCUSSÃO

5.1 Composição aproximada das térmitas utilizadas como alimento no Quénia Ocidental

O peixe e a carne de vaca são os alimentos populares de valor de mercado para os membros da comunidade local nas áreas rurais e urbanas, e pertencem economicamente às diferentes classes tradicionais, de acordo com a preferência do consumidor no Quénia. No entanto, em muitas partes do Quénia Ocidental, especialmente durante as estações chuvosas, tem havido um papel não reconhecido das térmitas, que enxameiam em alta densidade e têm sido tradicionalmente utilizadas como alimento durante décadas nessas áreas. Por conseguinte, analisar o conteúdo proximal das térmitas relativamente ao conteúdo proteico tradicional é uma componente importante para aumentar os produtos alimentares tradicionais para os membros da comunidade local. Os teores de proteínas, lípidos, cinzas, fibra bruta, NFE e humidade, bem como os valores calóricos, foram os principais constituintes considerados na avaliação do valor nutricional dos alimentos estudados. A análise das composições dos ingredientes e o perfil dos aminoácidos essenciais (EAA em g/100 g de alimento) das térmitas quando comparados com duas outras dietas proteicas normalmente consumidas pelos membros da comunidade local indicou que o conteúdo proteico das térmitas era de 54% comparado com 66% e 62% respetivamente da carne de vaca. O alto teor de proteína nas térmitas compara-se bem com o da carne e produtos de aves (Cherop *et al.*, 2009). Isto está em linha com o relatório de Steffens (2006), segundo o qual a proteína constitui a maior quantidade de matéria seca em muitos insectos, peixe e carne de vaca. As variações registadas na concentração das diferentes proteínas nas térmitas, no peixe e na carne de vaca examinados podem ter sido o resultado da taxa em que estes componentes estão disponíveis no ambiente como itens alimentares (Yeannes e Almandos, 2003), e da capacidade destes organismos para absorver e converter os nutrientes essenciais da sua dieta ou do ambiente onde vivem. Este facto é apoiado pelas conclusões de Window et al. (1987), Adewoye e Omotosho (1997), Prapasri et al. (1999), Ricardo et al. (2002), Adewoye et al. (2003) e Fawole et al. (2007). Embora o teor proteico das térmitas seja inferior ao da carne de vaca e do peixe, fornece o teor proteico ótimo necessário para os seres humanos (OMS, 2005). Isto faz com que a formiga branca seja um importante recurso vivo de proteína alimentar, tal como outros alimentos como o peixe e a carne de vaca.

As gorduras e os óleos (a seguir designados por lípidos) e, por conseguinte, os triglicéridos, estão presentes tanto nos animais como nas plantas. É necessária alguma gordura na alimentação para fornecer ácidos gordos importantes, que são elementos reguladores essenciais. A gordura corporal é necessária na nossa dieta para fornecer dois ácidos gordos essenciais, o ácido linoleico, um PUFA ω-6, e o ácido α-linolénico, um PUFA ω-3 (http://EzineArticles.com/4727184). No entanto, a ingestão elevada de gorduras aumenta o teor de lípidos no organismo e é possível um aumento do teor de lípidos do organismo. Neste estudo, o teor de lípidos das térmitas foi de cerca de 10% e, devido ao consumo pelos membros da comunidade local, a ingestão total de lípidos na dieta foi de 14 g/100g, inferior aos 25 g/100g por dia recomendados pela OMS (2002). Os outros produtos alimentares tinham menos de 7% de lípidos brutos, o que faz com que a sua contribuição para o total de ácidos gordos seja um pouco menor. No entanto, os actuais níveis mais baixos do que as necessidades dietéticas são devidos ao consumo de baixas quantidades destes alimentos e não ao conteúdo dietético dos lípidos.

As necessidades dietéticas de outros itens alimentares, tais como cinzas e fibra bruta, não são conhecidas nos seres humanos porque não são essenciais para a dieta, mas as fibras são importantes na digestão dos itens alimentares. Por conseguinte, os valores apresentados neste estudo do conteúdo de cinzas e fibra bruta só são úteis no contexto dos seus papéis secundários no corpo humano e, neste contexto, o elevado teor de fibra nas térmitas é importante para melhorar a digestão dos alimentos no corpo.

Neste estudo, as térmitas forneceram 4,2 kcal de energia por 100 g de alimento e até 14,3 g por 100 g de energia após o consumo. A existência de reservas adequadas de hidratos de carbono é fundamental para otimizar as necessidades energéticas do corpo. Embora a quantidade de hidratos de carbono necessária para evitar a cetose seja muito pequena (cerca de 50 g/dia), os hidratos de carbono fornecem a maior parte da energia na alimentação da maioria das pessoas (Stephen *et al.*, 2005). Há muitas razões pelas quais este facto é desejável. Para além de fornecerem energia facilmente disponível para o metabolismo oxidativo, os alimentos que contêm hidratos de carbono são veículos de micronutrientes e fitoquímicos importantes. Os hidratos de carbono da dieta são importantes para manter a homeostase glicémica e para a integridade e função gastrointestinal. Ao contrário das gorduras e das proteínas, níveis elevados de hidratos de carbono na alimentação, desde que obtidos a partir de uma variedade de fontes, não estão associados a efeitos adversos para a saúde. As dietas ricas em hidratos de carbono, em comparação com as ricas em gorduras, reduzem a probabilidade de desenvolver obesidade e as suas condições de co-morbilidade. Um regime alimentar ideal deve consistir em pelo menos 55% da energia total proveniente de hidratos de carbono obtidos a partir de uma variedade de fontes alimentares. Quando os níveis de consumo de hidratos de carbono são iguais ou superiores a 75% da energia total, pode haver efeitos adversos significativos no estado nutricional devido à exclusão de quantidades adequadas de proteínas, gorduras e outros nutrientes essenciais. Ao chegar à sua recomendação de um mínimo de 55% da energia total proveniente dos hidratos de carbono, a consulta apercebeu-se de que uma percentagem significativa da energia total tem de ser fornecida pelas proteínas e pelas gorduras, mas que a sua contribuição para a ingestão total de energia varia de país para país, com base nos padrões de consumo alimentar e na disponibilidade de alimentos. O consumo diário de hidratos de carbono adequados é necessário para satisfazer as necessidades energéticas (calóricas) dos seres humanos, a fim de repor o glicogénio muscular e hepático. Costill et al. (2010) encontraram uma relação direta e positiva entre a quantidade de hidratos de carbono consumida (188 a 648 g de hidratos de carbono/dia) e a quantidade de glicogénio muscular sintetizada durante 24 horas de recuperação de um exercício que esgota o glicogénio. Uma dieta com 525 a 648 g de hidratos de carbono (7 a 10 g de hidratos de carbono/kg) promoveu uma síntese de glicogénio de 70 a 80 mmol/kg e proporcionou uma reposição quase máxima de glicogénio muscular em 24 horas. O Instituto de Medicina recomenda 130 gramas (520 quilocalorias) de hidratos de carbono por dia. Em comparação com os alimentos actuais, as térmitas, o peixe e a carne de vaca tinham um baixo teor de hidratos de carbono, o que resultava numa energia bruta inferior às necessidades gerais dos seres humanos (OMS, 2002). No entanto, comparativamente, as térmitas tinham o maior conteúdo de energia bruta, em parte atribuído ao maior consumo das térmitas durante o período de amostragem e não devido aos níveis de NFE no item alimentar.

O perfil de aminoácidos das rações também foi analisado e, com base nas pontuações de aminoácidos essenciais, o EAA da formiga branca foi o mais baixo (24,5 g/100g), enquanto o do peixe foi o mais alto. No entanto, o perfil da pontuação de EAA como uma percentagem das proteínas brutas nas rações foi semelhante para todas as rações a 46%, o que implica um excelente perfil de aminoácidos na dieta. O elevado teor de lípidos na dieta (através de observação) compara-se bem com alimentos ricos em lípidos, como os óleos de peixe (Nowak, 2006). Estes lípidos resultarão em efeitos poupadores de proteínas quando utilizados e, por conseguinte, é possível obter mais energia a partir dos alimentos e poupar o elevado teor de proteínas da dieta para o crescimento. O presente trabalho elucidou mais sobre a importância das térmitas como boas fontes de proteínas e lípidos e também alargou o nosso conhecimento sobre o valor nutricional de alguns

5.2 Alterações da composição nutricional das térmitas segundo métodos de conservação tradicionais e modernos

Os alimentos são um bem altamente perecível e, se não forem corretamente manuseados, a sua qualidade deteriora-se, o que pode ter consequências prejudiciais para a saúde dos consumidores. Têm sido utilizados vários métodos de conservação em todo o mundo. Em África, sobretudo nos países subsarianos, a secagem, a fumagem, a fritura e a refrigeração melhoram a conservação. Neste estudo, as térmitas foram conservadas e as alterações na composição proximal foram analisadas. Os produtos alimentares não sãos causam até 30% das doenças de origem alimentar no mundo (Piel, 2003). As instalações de armazenamento refrigerado ou congelado a bordo dos arrastões são limitadas e estima-se atualmente que cerca de 20 milhões de toneladas de alimentos são desperdiçados desta forma. A conservação dos alimentos não se limita ao seu consumo direto, mas também à manutenção da sua qualidade.

A falta de métodos avançados de tecnologia de conservação, como o enlatamento e a ultracongelação, é evidente no Quénia (Odero, 2000), embora tenham sido muito eficazes no Japão, nos EUA, nos Países Baixos e noutros países desenvolvidos. Embora as tecnologias para o controlo da deterioração de produtos humanos e humanos tenham sido bem estabelecidas, os países tropicais não têm sido capazes de as aplicar devido ao custo, à sofisticação dessas tecnologias ou a factores sócio-culturais (Ledward, 1993).

O Quénia, sendo um país em desenvolvimento, não implementou estes métodos avançados de conservação como a congelação e o enlatamento. Isto fez com que os métodos tradicionais, como a secagem ao sol, o fumo e a fritura, fossem muito utilizados. A qualidade dos alimentos conservados através destes métodos tem-se degradado, tal como afirmam os vendedores de alimentos, pelo que se tem verificado que provavelmente não são completamente eficazes. De acordo com Gerasimov (1979), os alimentos frescos transportados em gelo deterioram-se devido à temperatura, ao tipo de transporte e à duração do transporte, fazendo com que o gelo descongele. Mais ainda, a má qualidade do gelo, contaminado por formas em espiral, tem sido uma causa de contaminação. A secagem dos alimentos ao sol no chão nu, em esteiras e redes expõe o ser humano à contaminação por areia e sujidade.

A congelação foi o único método de conservação que aumentou o teor de humidade das térmitas. A torrefação e a separação resultaram no aumento mais significativo da perda de humidade nas térmitas. Por outro lado, a congelação não produziu uma redução significativa no teor de proteínas, enquanto que a torrefação e a separação resultaram na perda mais aparente do teor de proteínas brutas nas térmitas. O teor mais elevado de cinzas foi obtido no produto congelado, enquanto o teor mais baixo de cinzas ocorreu nas formigas secas ao sol e assadas. O teor de fibra bruta na dieta foi aumentado pela congelação, enquanto a secagem ao sol e a torrefação resultaram numa redução significativa do teor de fibra bruta na formiga branca. Finalmente, a energia bruta não sofreu alterações significativas em todos os métodos de conservação.

As perdas pós-colheita de produtos humanos em pequena escala podem estar entre as mais elevadas de todos os produtos de base em todo o sistema de produção alimentar. Quando o sistema de transformação, distribuição e comercialização não consegue lidar com as quantidades excepcionais de produtos humanos que são por vezes desembarcados devido a variações sazonais e inter-anuais de disponibilidade ou abundância. Métodos de conservação adequados podem reduzir significativamente esta perda.

5.3 Preferências dos consumidores das térmitas em relação às fontes de alimentação convencionais.

Observou-se que muitas comunidades quenianas utilizam fontes alimentares tradicionais que são altamente nutritivas, sem terem qualquer ligação científica com o fenómeno observado. Em muitas partes do Quénia, as térmitas são consumidas de várias formas. É a preferência de utilização das térmitas que difere em muitas partes do país. Em Kamkuywa, muitas pessoas utilizavam muitas térmitas como uma iguaria. Os consumidores classificaram as térmitas como o terceiro alimento mais preferido do que a carne de vaca e de aves. Embora não existam atualmente estudos sobre o valor alimentar das formigas, muitos quenianos apreciam a carne de vaca e de aves e, por conseguinte, se as térmitas ficaram em terceiro lugar a seguir a estes alimentos, é provável que se sugira que as térmitas são, de facto, um item alimentar preferido. Provavelmente porque estão menos disponíveis, muitas pessoas não sabem como obtê-las e isto pode explicar porque não estão classificadas acima das aves e da carne de vaca, que estão frequentemente disponíveis. Uma das possíveis razões para a redução do consumo de térmitas pode estar relacionada com a redução da quantidade de térmitas, a invasão de muitas zonas de vegetação que outrora foram habitats de térmitas, bem como mudanças nos padrões de produção e consumo de muitas comunidades no Quénia.

As preferências de alimentos tradicionais no Quénia têm sido documentadas como sendo variáveis e uma função de muitos factores inter-relacionados. No entanto, as principais razões pelas quais as térmitas são mais preferidas são as suas ligações culturais (54,2%), seguidas pelo seu conteúdo nutricional (35,2%), enquanto outros acreditam que são menos dispendiosas do que outros alimentos. Como já foi referido, não foi realizada nenhuma investigação no Quénia para determinar a preferência por térmitas, mas existem outras razões para preferir alimentos tradicionais. Abdala *et al.* 2007 relatou a preferência por alimentos tradicionais locais em muitas partes do interior e do interior do Quénia em Murang'a. Além disso, Wanjiku (2004) também documentou, após uma série de inquéritos de campo, que os quenianos de certos escalões etários, principalmente os mais velhos, preferem os alimentos tradicionais aos mais jovens. Awiti (1991) documentou que entre 1960-1980, mais de 40 espécies de alimentos tradicionais estavam a ser consumidas em todo o país. No entanto, o presente estudo não pode confirmar ou negar qualquer redução na diversidade das fontes alimentares tradicionais em relação a estudos anteriores, uma vez que se limitou apenas a uma divisão do distrito de Bungoma West, na província ocidental do Quénia. No seu trabalho anterior, Awiti considerou todos os produtos alimentares tradicionais do Quénia, o que estava fora do âmbito do presente estudo. No entanto, considerando as preferências por poucas espécies de alimentos consagrados, como a carne de vaca, e usando evidências de muita literatura publicada sobre a grande diversidade de alimentos tradicionais, em muitas partes da Província Ocidental, todas as evidências sugerem a não preferência por uma série de alimentos tradicionais, embora as térmitas fossem preferidas. Isto parece sugerir que apesar de muitas pessoas estarem a consumir térmitas como uma obrigação cultural, a grande maioria dos consumidores que parecem estar a afastar-se da obrigação cultural são os principais culpados no consumo das térmitas indígenas

Os consumidores não preferiram as térmitas a outras fontes de alimentos tradicionais devido a uma combinação de factores, incluindo: o elevado custo de obtenção de alguns destes alimentos, embora as térmitas não sejam caras, muitas pessoas acreditavam que não é sazonal e, portanto, os seus custos podem ser relativamente mais elevados. Outros queriam abandonar as culturas antigas e tradicionais, adoptando os tipos de alimentos modernos. Outros ainda acreditam que a preparação das refeições com térmitas consome muito tempo, embora esta pareça ser uma resposta por ignorância. A oferta de produtos orientada pela procura é um princípio que rege a produção e a comercialização de muitos produtos fora da agricultura ou da horticultura convencional (Todaro, 2002). Isto é garantido pelo facto de as pessoas estarem dispostas a comprar o que é fornecido no mercado e de os vendedores estarem dispostos a fornecer o que as pessoas estão dispostas a comprar. Embora as leis da oferta e da procura pareçam ser a força motriz por detrás da produção e do consumo, outros factores intrínsecos como o sabor, o estado nutricional e a aceitabilidade são também factores importantes que vale a pena considerar. Isto implica, portanto, que a sustentabilidade na produção de térmitas será alcançada se muitas pessoas determinarem o papel crítico desempenhado por estas térmitas na dieta. É agora mais reconhecido que a sustentabilidade da produção de térmitas não se centrará no aumento da área de terra para produção, mas na intensificação da produção por unidade de área.

5.4 Teor de aminoácidos

As três espécies de térmitas continham aminoácidos essenciais em quantidades consideráveis. A leucina foi a mais elevada entre todos os aminoácidos essenciais, seguida de perto pela lisina. A leucina é importante para a saúde muscular geral (Oliveira *et al.*, 2018). Pode estimular a síntese de proteínas e reduzir a quebra de proteínas musculares, especialmente após lesões (Brestensky *et al.*, 2019). Além disso, a leucina também aumenta os níveis de insulina no sangue (Oliveira, *et al.,* 2018; Brestensky *et al.,* 2019) A leucina foi o aminoácido mais abundante nas três espécies de cupins, com *P. grandiceps* liderando com 7,72g/100g de proteína bruta e o menor foi observado em *A. tenax* 5,5g/100g de proteína bruta. As três espécies de térmitas têm, portanto, o potencial de fornecer a ingestão diária necessária de 5,5g/100g (Borack & Volpi, 2016).

A lisina é um aminoácido essencial que só pode ser obtido a partir dos alimentos (Goyal *et al.*, 2017), sendo importante para o crescimento normal e a renovação muscular. É também importante na formação de carnitina, uma substância que se encontra na maioria das células do corpo; também transporta gorduras através das células para a produção de energia. Os alimentos de proteína animal ricos em lisina incluem: bife de vaca, 3,3g/100g; peito de frango magro, 3,08g/100g e carne de porco magra, 2,76g/100g (Goyal, *et al*, 2017; Yang, 2017). Comparativamente, *M. jeanelli* tem o maior teor de lisina, 7,8g/100g, seguido de perto por *P. grandiceps* 6,44g/100g e *A. tenax* 4,16g/100g. As três espécies de térmitas têm mais do que as fontes convencionais podem fornecer, pelo que a proteína dos insectos pode ser usada como uma fonte alternativa de proteína alimentar, especialmente para as famílias subnutridas que não podem comprar a maioria dos outros alimentos de proteína animal.

A arginina é um aminoácido muito importante para o coração (Albaugh *et al.*, 2017). Transforma-se em óxido nítrico, uma poderosa substância neurotransmissora que relaxa as artérias sanguíneas, o que aumenta a circulação sanguínea. Quando as artérias relaxam e melhoram o fluxo sanguíneo, pode melhorar a disfunção erétil (McNeal, *et al.,* 2018). Além disso, a arginina leva à cicatrização de feridas, faz com que os rins removam os resíduos, mantém a função imunitária e hormonal (Albaugh, *et al.,* 2017; McNeal, *et al.,* 2018). A arginina foi o aminoácido mais alto em *P. grandiceps* com 6,90g/100g e o mais baixo em *A. tenax* com 4,15g/100g. A necessidade diária de arginina é de 2 a 3 g, tomada três vezes por dia (McNeal, *et al.,* 2018).

A metionina é importante no tratamento de indivíduos que estão a sofrer de depressão, aqueles que estão a recuperar do alcoolismo, alergias, asma e doença de Parkinson. A metionina foi mais elevada em *A. tenax*, com 6,86g/100g, e mais baixa em *P. grandiceps*, com 0,88g/100g. Os grilos têm um teor de metionina de 2,29g/100g e as mariposas têm 0,62g/100g (Oibiokpa *et al.*, 2018). Portanto, em média, as três espécies de térmitas tinham um teor mais elevado de metionina do que os outros insectos analisados, como se mostra na Tabela 4.5

O triptofano é um precursor na síntese de substâncias neurotransmissoras como a serotonina (Kaluzna-Czsplinska *et al.*, 2019). É um aminoácido importante que deve ser aproveitado nos alimentos consumidos. É também importante na síntese da vitamina antipellagra, do ácido nicotínico e da melatonina (kaluzna-Czsplinska *et al.*, 2019). Verificou-se que o triptofano é mais elevado em *A. tenax* (6,43 g/100 g) e mais baixo em *P. grandiceps* (2,47 g/100 g). *Macrotermis nigeriensis* tem um teor de triptofano de 2,36g/100g; *Cirina foda* contém 1,84g/100g, *Gryllus assimilis* 2,53g/100g e *Melanoplus foedus* 2,64g/100g (Oibiokpa *et al.*, 2018). Entre os insectos listados, *A. tenax* tem o teor mais elevado de triptofano.

Ao bloquear os protões para manter um equilíbrio ácido-base nos tecidos e no sangue, a histidina é responsável pela manutenção de um pH normal de 7 no organismo (Kessler & Raja, 2019). É também importante para a hemoglobina transportar oxigénio pelo corpo e um precursor da histamina, entre outros papéis importantes (Kessler & Raja, 2019). Verificou-se que a histidina era de 3,09g/100g em *P.grandiceps*, 2,15g/100g em *M. jeanelli* e 2,09g/100g em *A. tenax*. A necessidade diária de histidina no corpo humano é de 1,2g/100g (Kessler & Raja, 2019), pelo que as três espécies de térmitas têm o potencial de fornecer a histidina necessária aos seres humanos.

A necessidade diária de valina é de 2,6g/100g, isoleucina 2,0g/100g, fenilalanina e tirosina 2,5g/100g, e treonina é de 1,5g/100g (Hoffer, 2016). A partir dos resultados, as três espécies de térmitas têm o potencial de fornecer as necessidades diárias. As três espécies de térmitas em particular devem ser encorajadas para a entomofagia porque são fontes baratas de proteína que podem ser encontradas nas proximidades quando enxameiam. De acordo com a FAO (1985), os aminoácidos essenciais totais (TEAA) são necessários em proporções diferentes consoante os grupos etários. Os bebés necessitam de 46,0g/100g de His; os pré-escolares de 2-5 anos necessitam de 33,9g/100g; as crianças em idade escolar de 10-12 anos necessitam de 24,1g/100g, enquanto os adultos necessitam de 12,7g/100g. (Sem Histidina (His) em g/100g): bebé 43,4, pré-escolar 32,0, criança em idade escolar 22,2 e adulto 11,1g/100g. Os resultados mostram que todas as três espécies de térmitas têm a quantidade necessária, 31,75g/100g - 35,89g/100g com His e 29,66 - 33,97g/100g sem His, para abastecer os diferentes grupos etários, exceto os bebés que necessitam de uma quantidade mais elevada. Verificou-se que os aminoácidos ácidos totais (TAAA) eram mais abundantes nas três amostras de térmitas (13,39g/100g - 23,37g/100g) em comparação com os aminoácidos básicos totais (TBAA) 10,4 - 16,55g/100g. O total de aminoácidos sulfurados (TSAA) também foi menor nas três amostras de térmitas 1,48 - 10,78g/100g em comparação com o total de aminoácidos alifáticos essenciais (TEAlAA) 22,74 - 28,1g/100g. A necessidade diária de TSAA é de 1,26- 2,1g/100g em homens jovens (Zehra & Khan (2016).). A partir dos resultados, as três espécies de térmitas contêm as quantidades necessárias de TSAA e, portanto, podem ser recomendadas para fornecer os nutrientes à população. O mesmo se aplica aos aminoácidos condicionais essenciais totais (TECAA), que são aminoácidos que não são sintetizados no corpo em algumas condições fisiopatológicas, como a prematuridade em bebés e indivíduos com grave sofrimento catabólico (FAO/OMS, 1985). Os teores de Cys/TSAA variaram entre 18,42 - 24,09g/100g. O teor de Cys/TSAA variou de 36,4 a 43,2g/100g. A maioria das proteínas animais tem frequentemente um valor baixo para este rácio (Adeyeye & Kenni, 2008). O rácio leucina/isoleucina (Leu/Ile) variou entre 1,51 e 1,83 g/100 g, o que foi inferior aos 2,36 g/g necessários. A doença da pelagra pode resultar de qualquer desequilíbrio Leu/Ile, sobretudo em países como o Quénia, onde o milho é uma cultura importante (Ekpa, 2020). Este estudo também mostrou que a relação lisina/triptofano (Lys/Trp) variava entre 0,65 - 4,59g/100g, enquanto a relação metionina/triptofano (Met/Trp) variava entre 0,36 - 1,46g/100g.

5.5 Taxas de sobrevivência durante os estudos laboratoriais

As térmitas podem sobreviver até duas semanas sem alimentos, mas sem água demoram alguns dias (Becker, 2012; Chouvenc, 2020). Nesta experiência, as térmitas foram submetidas a três tratamentos com vários alimentos ricos em celulose disponíveis no seu ambiente. Os tratamentos envolveram a criação das térmitas num ambiente controlado durante duas semanas, quatro semanas e seis semanas consecutivas. A experiência está de acordo com estudos anteriores, uma vez que as térmitas que foram criadas apenas em solo argiloso que tinha sido incinerado para remover toda a matéria orgânica, quase todas sobreviveram apenas durante duas semanas, principalmente devido ao teor de humidade no solo (Chouvenc, 2020). A escolha das substâncias alimentares a utilizar na criação dependia de um estudo prévio das áreas onde as térmitas ocorrem em abundância e do tipo de cultura comercial maioritariamente cultivada na zona (Kooyman, 1987; Wanyonyi *et al*., 1984). O milho e o trigo eram as principais culturas cultivadas na área de estudo. A partir da pesquisa, observou-se que os montes de *A. tenax* foram encontrados em abundância em Eldoret, no Quénia, onde o trigo é maioritariamente cultivado, enquanto os montes de *P.*

grandiceps se localizavam maioritariamente na área de Trans - Nzoia County - Kitale, onde o milho é cultivado em abundância. *M.jeanneli* foi encontrado principalmente nas zonas áridas e semi-áridas do Quénia, no condado de West Pokot. Isto mostra que a distribuição e a abundância dependem do tipo de cultura que constitui o seu principal alimento. Registou-se um declínio geral dos números em todos os alimentos utilizados na criação e nos tratamentos. A palha de trigo foi o alimento mais preferido tanto para *A. tenax* como para *M.jeanneli.* O caule de milho seco foi o segundo alimento mais preferido para as duas espécies. As térmitas têm necessidades alimentares diferentes consoante a espécie e o local onde se encontram. Algumas espécies podem alimentar-se bem de madeira de pinheiro, mas a maioria prefere macieira, bétula e algumas outras preferem algumas madeiras tropicais duras (Becker, 2012). A madeira de pinheiro é o alimento mais preferido para as espécies Reticulitermes e Coptotermes (Mannesmann, 1972; Ngee *et al.*, 2004). O alimento mais preferido para *P. grandiceps* foi o caule de milho em solo argiloso. Em geral, a palha de trigo e o caule de milho apresentaram taxas de sobrevivência mais elevadas em comparação com os outros itens alimentares utilizados nesta experiência e foram construídos mais túneis com palha de trigo do que com outros itens alimentares.

A preferência alimentar anda de mãos dadas com as taxas de sobrevivência dos trabalhadores das térmitas (Meyer-Rochow *et al.,* 2021). Como observado na experiência, o alimento mais preferido fez com que as térmitas sobrevivessem mais tempo do que o alimento menos preferido. A palha de trigo e o caule de milho são os alimentos mais preferidos e, por conseguinte, fizeram com que as térmitas sobrevivessem mais tempo em comparação com os outros alimentos utilizados.

Ao comparar as taxas de sobrevivência geral das três espécies de térmitas, *A. tenax* teve a maior taxa de sobrevivência percentual seguida por *P. grandiceps* Tradicionalmente,

A. tenax tem sido colhida durante a estação seca para consumo pelos habitantes locais na área de estudo (Bagine *et al.*, 2014). Por conseguinte, de acordo com esta experiência, é a espécie mais preferida para aumentar a produção. *M.jeanneli* teve as taxas de sobrevivência mais baixas. As taxas de sobrevivência mais baixas de *M.jeanneli* são atribuídas ao tipo de alimento fornecido nesta experiência. Isto mostra que as taxas de sobrevivência das térmitas são altamente dependentes do tipo de alimento disponível na sua localidade (Jacob *et al.,* 2022). Foi observado que *M.jeanneli*, sendo uma espécie árida e semi-árida, fornecer-lhe substâncias alimentares não abundantemente presentes na sua localidade reduziu muito as suas taxas de sobrevivência (Chouvenc, 2020; Jacob *et al.,* 2022).

5.6 Preferência alimentar durante os estudos laboratoriais

A preferência alimentar está altamente correlacionada com a cultura que é cultivada na área (Richardson e Sun, 2023). *A Allodontermes tenax* tinha uma preferência mais elevada pela palha de trigo do que por qualquer outro substrato alimentar fornecido, daí uma percentagem mais elevada de sobrevivência de térmitas com 82,26%. Houve muita atividade e construção de túneis à volta da palha de trigo durante o período de estudo da sexta semana, tendo a maior parte da palha de trigo sido consumida após a sexta semana. O segundo substrato alimentar mais preferido foi o caule de milho, com 63,82%. O número de térmitas diminuiu com o tempo nos seis substratos alimentares, com o maior declínio drástico observado apenas no solo argiloso devido à fome e à morte após a segunda semana. O número de térmitas na palha de trigo foi elevado, mas registou-se um declínio devido à acumulação de resíduos e ao esgotamento das reservas alimentares, o que levou à competição pelos recursos limitados e à morte das térmitas. Quando o alimento correto e preferido está prontamente disponível, a sobrevivência dos organismos é melhorada, como se viu na palha de trigo para esta espécie em particular (Makila, 2022).

Uma tendência semelhante é observada em *Pseudocanthotermes grandiceps*. O alimento mais preferido para esta espécie é o caule de milho e a argila, com 78,5%, seguido da palha de trigo e da argila, com 71,6%. Não houve diferença significativa em todos os seis substratos alimentares, uma vez que as térmitas ainda se estavam a adaptar ao novo ambiente. As térmitas podem sobreviver durante duas semanas sem alimentos quando a humidade é elevada (Wan *et al.*, 2022). Da quarta à sexta semana, verificou-se uma diferença significativa entre todos os substratos alimentares, com a taxa de sobrevivência mais elevada registada no caule de milho e na argila, o substrato alimentar mais preferido. A taxa de sobrevivência percentual dependeu da preferência alimentar, sendo que o alimento mais consumido causou maior sobrevivência das térmitas.

Macrotermes jeanneli apresentou a menor taxa de sobrevivência em todos os seis substratos alimentares fornecidos. *M. jeanneli* é uma espécie encontrada em áreas secas como West Pokot (Wanyonyi *et al.*, 1984). O substrato alimentar mais preferido foi a palha de trigo, mas com a percentagem de sobrevivência mais baixa de 71,1% e o alimento menos preferido foi o pinhal com 43,6%.

Conclusões

As formigas brancas indígenas são uma fonte valiosa de nutrição em áreas rurais onde não há espécies exóticas disponíveis, e contribuíram substancialmente para a ingestão de proteínas e lípidos. Este facto foi comprovado pela disponibilidade de um teor proteico de alta qualidade e de outros ingredientes que a tornariam um alimento adequado para ser utilizado de forma generalizada pelas comunidades.

A congelação foi o único método de conservação que aumentou o teor de humidade das formigas brancas; a torrefação e a secagem ao sol resultaram num aumento da perda de humidade; a torrefação e a secagem ao sol resultaram numa perda de proteínas brutas; a congelação foi responsável pela maior perda de cinzas e de fibras brutas. A energia bruta não sofreu alterações significativas em todos os métodos de conservação. Os consumidores preferem as formigas brancas depois das aves de capoeira e da carne de vaca, principalmente devido aos laços culturais e aos valores nutritivos das formigas brancas. As formigas brancas não foram consumidas principalmente devido à disponibilidade.

Descobriu-se que as três espécies de térmitas têm os aminoácidos essenciais e não essenciais necessários, suficientes para abastecer todos os grupos etários humanos, exceto os bebés que têm uma maior necessidade de proteínas. As três espécies de térmitas são, portanto, recomendadas para aliviar a desnutrição, especialmente em agregados familiares de baixo rendimento que utilizam as térmitas como alimento. Os não utilizadores de térmitas são também encorajados a utilizá-las devido ao seu elevado valor nutritivo.

O item alimentar mais preferido que aumentou as taxas de sobrevivência das três espécies foi a palha de trigo. Enquanto o menos preferido foi a madeira de pinheiro para as três espécies.

A preferência alimentar foi altamente dependente da localidade em que a espécie de térmita foi encontrada em abundância e a percentagem de preferência variou nas três espécies de térmitas.

Geralmente, a melhor espécie de térmita para a produção em massa é a *A. tenax*, uma vez que pode ser induzida a enxamear durante a estação seca e apresentou a maior percentagem de sobrevivência. As térmitas operárias também apresentaram taxas de sobrevivência mais elevadas num estudo de laboratório.

REFERÊNCIAS

Abdul Rahman, N. (2016). Investigação molecular de térmitas australianas e seus simbiontes intestinais. *Jornal de biologia molecular* 6(3) 801-811.

Adeyeye, E. I., & Kenni, A. M. (2008). A relação entre os aminoácidos do corpo inteiro, da carne e do exosqueleto do caranguejo macho de água doce da África Ocidental *Sudananautes africanus africanus*. *Jornal de Nutrição do Paquistão*, *7*(6), 748-752.

Ahmad, F., Yang, G. Y., Liang, S. Y., Zhou, Q. H., Gaal, H. A., & Mo, J. C. (2020). Simbioses multipartites em cupins que crescem em fungos (Blattodea: Termitidae, Macrotermitinae) para a degradação da lignocelulose. *Ciência dos Insectos*.

Ahmad, S. K., Dawah, H. A., & Khan, M. A. (2018). Ecologia das térmitas. Em *Termites and Sustainable Management* (pp. 47-68). Springer, Cham.

Aihetasham, A., & Akhtar, M. S. (2008). Swarming behaviour and alate sex-ratio of Heterotermes indicola (Wasmann)(Isoptera: Rhinotermitidae). *pakistan Journal of Zoology*, *40*(2).

Alan E. Mill, 2007. Observations on Brazilian termite alate swarms and some structures used in the dispersal of reproductives (Isoptera: Termitidea) Journal of Natural History Volume 17, 1983 - Issue 3

Albaugh, V. L., Stewart, M. K., & Barbul, A. (2017). Efeitos celulares e fisiológicos da arginina em idosos. Em *Nutrição e alimentos funcionais para o envelhecimento saudável* (pp. 317-336). Imprensa académica.

Almokbel, A. A. (2016). *Necessidades de Triptofano em Crianças em Idade Escolar Determinadas pelo Método de Oxidação de Aminoácidos Indicadores; Resultados Preliminares* (Dissertação de Doutoramento) Universidade de Purdue.

Andersson, E., & Gabrielsson, S. (2012). 'Because of poverty, we had to come together': collective action for improved food security in rural Kenya and Uganda. *Revista Internacional de Sustentabilidade Agrícola, 10*(3), 245-262.

Anwar, K., Sudirman, L. I., & Nandika, D. (2020). Estabelecimento de pente de espécies de cupins que cultivam fungos Macrotermitinae (Isoptera: Termitidae) com basidiósporos de Termitomyces cylindricus (Basidiomycota: Agaricales). *Insectos Orientais, 54*(4), 591-606.

Ashton, P. S. (2017). Padrões de variação entre florestas de montanhas tropicais asiáticas, com algumas hipóteses explicativas. *Ecologia e Diversidade Vegetal, 10*(5-6), 361-377.

Associação dos Químicos Analíticos Oficiais (AOAC). (2000). Método oficial de análise da AOAC internacional. *Revista internacional de química analítica* 8(6) 202-213.

Ayieko MA, Oriaro V, Nyanmbuga IA(2010). Produtos transformados de térmitas e espécies de moscas do lago na região do Lago Vitória, *Afri.J.Environ. Sci. Technol.,* 2(10):282-286

Bagine, R. K., Makila, N. J., & Nyandiala, A. (2014). Indução de enxameação de Allodontermes tenax alates: em resposta à segurança alimentar no Quénia. *Afr. J. Food Sci. Technol, 5*(7), 151-155.

Becker, G. (2012). Criação de térmitas ei e métodos de teste utilizados em laboratório. *Biologia das térmitas*, 351.

Belavady, B. (1987). Desequilíbrio de aminoácidos e pelagra. *Progress in Tryptophan and Serotonin Research, 2*, 153-158.

Boccara, E. (2020). Uma revisitação da integração africana: crescimento económico através da auto-sustentação. *Jornal da Integração Económica* 154(16) 2040-2053

Borack, M. S., & Volpi, E. (2016). Eficácia e segurança da suplementação de leucina em idosos. *The Journal of nutrition, 146*(12), 2625S-2629S.

Boulogne, I., Constantino, R., Amusant, N., Falkowski, M., Rodrigues, A. M., & Houël, E. (2017). Ecologia de térmitas do género Nasutitermes (Termitidae: Nasutitermitinae) e potencial para o desenvolvimento baseado na ciência de programas de gestão sustentável de pragas. *Jornal de Ciência das Pragas*, *90*(1), 19-37.

Brestenský, M., Nitrayová, S., Patráš, P., Heger, J., & Nitray, J. (2019). Aminoácidos de cadeia ramificada e sua importância na nutrição. *Jornal de Microbiologia, Biotecnologia e Ciências Alimentares*, *2019*, 197-202.

Calder, P. C. (2012). Mecanismos de ação dos ácidos gordos (n-3). *The Journal of nutrition*, *142*(3), 592S-599S.

Chouvenc, T. (2019). A importância relativa dos pesos iniciais da rainha e do rei no sucesso da fundação da colônia de cupins. *Insectes Sociaux*, *66*(2), 177-184.

Chouvenc, T. (2020). Estratégia de sobrevivência limitada em colónias de térmitas subterrâneas famintas. *Insectes Sociaux*, *67*(1), 71-82.

Chouvenc, T., Basille, M., & Su, N. Y. (2015). A produção de soldados e a manutenção das proporções de castas atrasam o crescimento de colónias incipientes de térmitas. *Insectes sociaux*, *62*(1), 23-29.

Connétable S, Robert A, Bordereau C (2012) Voo de dispersão e desenvolvimento de colónias nas térmitas produtoras de fungos *Pseudacanthotermes* spinigere *P. militaris*. Insect Soc 59:269-277

Costa-Neto, E. M., & Dunkel, F. V. (2016). Insectos como alimento: história, cultura e uso moderno em todo o mundo. Em *Insectos como ingredientes alimentares sustentáveis* (pp. 29-60). Imprensa académica.

Dambros, C. S., Morais, J. W., Azevedo, R. A., & Gotelli, N. J. (2017). Isolamento por distância, e não por rios, controlam a distribuição de espécies de cupins na floresta amazônica. *Ecografia*, *40*(10), 1242-1250.

de Faria Santos, A., Carrijo, T. F., Cancello, E. M., & e Castro, A. C. M. C. (2017). Filogeografia de Nasutitermes corniger (Isoptera: Termitidae) na região neotropical. *BMC evolutionary biology*, *17*(1), 1-12.

Dideriksen, K., Reitelseder, S., & Holm, L. (2013). Influência de aminoácidos, proteína dietética e atividade física no desenvolvimento da massa muscular em humanos. *Nutrients*, *5*(3), 852-876.

Eggleton, P., Davies, R. G., Connetable, S., Bignell, D. E. & Rouland, C. (2002b). As térmitas da Reserva Florestal de Mayombe, Congo (Brazzaville): A amostragem por transectos revela uma diversidade extremamente elevada de térmitas que se alimentam do solo. *Journal of Natural History*, 36, 1239-1246.

Ekpa, O. (2020). *Improvement of maize-based foods in Sub-Saharan Africa* (Tese de doutoramento, Universidade de Wageningen).

Elgar, M. A. (2015). Integrando percepções em diversos táxons: desafios para entender a evolução social. *Fronteiras em Ecologia e Evolução*, *3(1)*, 124-133

Engel, M. S., Barden, P., Riccio, M. L., & Grimaldi, D. A. (2016). Castas de cupins morfologicamente especializadas e socialidade avançada no início do Cretáceo. *Current Biology*, *26*(4), 522-530.

Ewart, D., Nunes, L., De Troya, T., & Kutnik, M. (2016). As térmitas e um clima em mudança. *Climat change impacts on urban pests," P. Dhang (ed.), CAB International, UK*, 80-94.

FAO. (1996). *Estatísticas da subnutrição na África Subsariana. Catálogo da FAO* (Vol.1, pp1-261).fao Roma, Itália.

FAO. (2001). *Produção alimentar per capita em África: Produção de alimentos proteicos para animais. Catálogo da FAO* (Vol.8, pp80-221).fao Roma, Itália.

FAO. (2002). *Consumo alimentar no continente africano:* Prós e contras do declínio da produtividade. *Catálogo da FAO* (Vol.4, pp56-220).fao Roma, Itália.

Gahukar, R. T. (2020). Insectos comestíveis recolhidos nas florestas para a subsistência familiar e o bem-estar das comunidades rurais: A review. *Segurança Alimentar Global*, 100348.

Gallardo, P., Cardenas, A. M., & Murillo, R. (2016). Adequação de substrato para estudos de laboratório com o cupim subterrâneo Reticulitermes grassei (Clément) (Isoptera: Rhinotermitidae). *Sociobiologia*, *63*(2), 855-857.

Garnett, T. (2013). Sustentabilidade alimentar: problemas, perspetivas e soluções. *Actas da Sociedade de Nutrição*, *72*(1), 29-39.

Gatlin, M.M., Castello, H.K., Maxwells, B.G., Rodwin, L.P. e McCathy, H.K. (2007). Human requirement in the diets: Indicadores de eficiência alimentar - Uma revisão. *Journal of Human Nutrition.* 133: 122-129.

Govorushko, S. (2019). Importância económica e ecológica das térmitas: A global review. *Ciência Entomológica*, *22*(1), 21-35.

Goyal, A., Tanwar, B., Patel, A., Shah, N., & Sihag, M. (2017). Avanços na fortificação de alimentos com aminoácidos essenciais. Em *Food Biofortification Technologies* (pp. 141-160). CRC Press.

Harit, A. K., Gajalakshmi, S., & Abbasi, S. A. (2014). Enxame do cupim Coptotermes gestroi no nordeste de Puducherry. *Zoologia e Ecologia*, *24*(1), 62-69.

Hartke, T. R. & Baer, B. (2011). A biologia do acasalamento das térmitas: Uma revisão comparativa. *Animal Behaviour*, 82, 927-936.

Haverty, M. I. (2000). O papel do papel higiénico em estudos de térmitas subterrâneas do deserto (Isoptera) no Arizona, EUA: um substrato para observações não destrutivas da atividade de forrageamento. *Sociobiology*, 37, 245-252.

Havlíčková, J., Dolejšová, K., Tichý, M., Vrkoslav, V., Kalinová, B., Kyjaková, P., & Hanus, R. (2019). (3R, 6E) -nerolidol, um volátil relacionado à fertilidade secretado pelas rainhas de cupins superiores (Termitidae: Syntermitinae). *Zeitschrift für Naturforschung C*, *74*(9-10), 251-264.

Hellemans, S., Dolejšová, K., Křivánek, J., Fournier, D., Hanus, R., & Roisin, Y. (2019). Ocorrência generalizada de reprodução assexuada em cupins superiores do grupo Termes (Termitidae: Termitinae). *BMC evolutionary biology*, *19*(1), 131.

Hoffer, L. J. (2016). Necessidades humanas de proteínas e aminoácidos. *Journal of Parenteral and Enteral Nutrition*, *40*(4), 460-474.

Hyseni, C., & Garrick, R. C. (2019). O papel das mudanças climáticas glaciais-interglaciais na formação da estrutura genética dos cupins subterrâneos orientais no sul dos Montes Apalaches, EUA. *Ecologia e evolução*, *9*(8), 4621-4636.

Igwe CU, Ujowundu CO, Nwaogu LA, Okwu GN (2011) Análise Química de uma Térmita Africana Comestível, Macrotermes nigeriensis; um Antídoto Potencial para o Problema da Segurança Alimentar. Biochem & Anal Biochem 1:105. doi: 10.4172/2161-1009.1000105

Ingenbleek, Y., & Kimura, H. (2013). Essencialidade nutricional do enxofre na saúde e na doença. *Revisões de nutrição*, *71*(7), 413-432.

Ishikawa, Y., Aonuma, H., Sasaki, K., & Miura, T. (2016). Modulação tiraminérgica e octopaminérgica do comportamento defensivo no soldado cupim. *PLoS One*, *11*(5), e0154230.

Itakura S, Okuda J, Utagawa K, *et al.* (2006) Nutritional value of two subterranean termite species, *Coptotermes formosanus* Shiraki and *Reticulitermes speratus (*Kolbe*)* (Isoptera: Rhinotermitidae). Jpn J Environ Entomol Zool 17:107-115.

Jacob, M. N., Millicent, N. A., & Elizabeth, O. (2022). Preferência alimentar e taxas de sobrevivência de Allodontermes tenax (Isoptera: Termitidea). *Jornal Acadêmico Egípcio de Ciências Biológicas. A, Entomology*, *15*(2), 11-17.

Johnston He, S.,, P. R., Kuropka, B., Lokatis, S., Weise, C., Plarre, R., ... & McMahon, D. P. (2018). Os soldados de cupins contribuem para a imunidade social sintetizando potentes secreções orais. *Biologia molecular de insetos*, *27*(5), 564-576.

Joint, F. A. O. (1985). Energy and protein requirements: report of a joint FAO/WHO/UNU Expert Consultation. In *Technical Report Series (WHO)* (No. 724). Organização Mundial de Saúde.

Jordan, B. W. (2013). *Novos conceitos na gestão de madeira seca (Blattodea: Kalotermitidae) e térmitas subterrâneas (Blattodea: Rhinotermitidae)* (Dissertação de doutoramento, Universidade da Florida).

Kagezi, G. H., Kaib, M., Nyeko, P. & Brandl, R. (2010). As térmitas (Isoptera) como alimento na comunidade Luhya (Quénia Ocidental). *Sociobiology*, 55, 831-845.

Kard, B. M., Etheridge, J. L., Mallette, E. J. & Rich, N. M. (2003). Procedimentos para a preparação de térmitas subterrâneas para estudos laboratoriais (Isoptera: Rhinotermitidae). *Sociobiology*, 41, 495-511

Katayama, N., Yoshimura, T., Baba, K. & Yamashita, M (2009). *Insectos para a agricultura espacial e uma rede alimentar sustentável na Terra*. 6(5) 53-55.

KDHS. (2005). *Indicadores de pobreza no Quénia: Ênfase nas zonas rurais*. Impressora do Governo do Quénia: Nairobi, Quénia.

Kessler, A. T., & Raja, A. (2019). Bioquímica, histidina. Em *StatPearls [Internet]*. StatPearls Publishing.

Kinyuru, 2013. Composição de nutrientes de quatro térmitas aladas selecionadas no oeste do Quénia. *Jornal de composição e análise de alimentos* 30(2):120-124

Korb, J., & Thorne, B. (2017). Socialidade em cupins. *Evolução social comparativa*, 84-123.

Korb, J., Meusemann, K., Aumer, D., Bernadou, A., Elsner, D., Feldmeyer, B. & consórcio So-Long. (2021). Análise transcriptômica comparativa dos mecanismos que sustentam o envelhecimento e a fecundidade em insetos sociais. *Transações Filosóficas da Royal Society B, 376* (1823), 20190728.

Kouvari,Matina,Stefanos,S., e Panagiotakos,D.B.(2016). Consumo de carne vermelha e envelhecimento saudável: A review. Maturitas, 84, 17-24.

Kyusik Lee, "Documento para obtenção do grau de Doutor em Filosofia, intitulado: 'Ecological Characteristics of Termite (Reticulitermes speratus kyushuensis) and its control for Preservation of Wooden Cultural Properties' Department of Science, Chung-ang University June 2004, Department of Science, Chung-ang University, páginas 19 - 23

Li, H. F., Lan, Y. C., Fujisaki, I., Kanzaki, N., Lee, H. J., & Su, N. Y. (2015). Padrão de assembléia de cupins e partição de nicho em um ecossistema de floresta tropical. *Environmental entomology*, *44*(3), 546-556.

Magallanes-Cruz, P. A., Flores-Silva, P. C., & Bello-Perez, L. A. (2017). A estrutura do amido influencia sua digestibilidade: uma revisão. *Journal of food science*, *82*(9), 2016-2023.

Majumder, A. (2022). Termite alate optimization algorithm: um algoritmo inspirado na natureza baseado em enxames para problemas de otimização. *Evolutionary Intelligence*, 1-21.

Makila J. N., Nyukuri R.W. e Mwongula. W .A (2018) preferência do consumidor de térmitas Pseudocanthotermes grandiceps (Isoptera: Termitidea) no Quénia Ocidental. Revista internacional de investigação em ciências da vida 6(3): 218-225

Martius, C. (2001b). Observação de enxameação alada e fundação de colônias em Syntermes spinosus (Isoptera: Termitidae) na Amazônia. *Sociobiologia*, 37, 585-591.

Maslin, M. A., Brierley, C. M., Milner, A. M., Shultz, S., Trauth, M. H., & Wilson, K. E. (2014). Pulsos climáticos da África Oriental e evolução humana inicial. *Quaternary Science Reviews*, *101*, 1-17.

McNeal, C. J., Meininger, C. J., Wilborn, C. D., Tekwe, C. D., & Wu, G. (2018). Segurança da suplementação dietética com arginina em humanos adultos. *Aminoácidos*, *50*(9), 1215-1229.

Menzel, L. V. A. & Diehl, E. (2010). Escolha do solo para a fundação de colónias por Cortaritermes fulviceps (Isoptera, Termitidae, Nasutitermitinae). *Sociobiology*, 55, 471-488.

Meyer-Rochow, V. B., Gahukar, R. T., Ghosh, S., & Jung, C. (2021). A composição química, a qualidade dos nutrientes e a aceitabilidade dos insectos comestíveis são afectadas pela espécie, fase de desenvolvimento, sexo, dieta e método de processamento. *Foods*, *10*(5), 1036.

Mitchell, J. D. (2008). Voos de enxameação da térmita produtora de fungos, Macrotermes natalensis (Haviland) (Isoptera: Macrotermitinae), e os factores ambientais que afectam o seu momento e duração. *African Entomology*, 16, 143-152.

Mohamed, A. A. (2017). Situação da segurança alimentar na Etiópia: Um estudo de revisão. *Revista Internacional de Economia e Política da Saúde*, *2*(3), 86-96.

Muvengwi, J., & Witkowski, E. T. (2020). Os padrões de vegetação dos montes de térmitas são largamente impulsionados por processos estocásticos e não determinísticos à escala regional em África: A meta-analysis. *Jornal de Ciência da Vegetação*, *31*(4), 540-550.

Nasir, S., & Akhtar, M. S. (2011). Enxame de térmitas (Isoptera) no distrito de Mianwali, Paquistão. *Sociobiology*, *58*(1), 151.

Nowak, B. (2006). Principais ingredientes alimentares na dieta.*Journal of Nutrition*.**142**: 3-9.

Nunes, C. A., Quintino, A. V., Constantino, R., Negreiros, D., Reis Junior, R., & Fernandes, G. W. (2017). Padrões de diversidade taxonômica e funcional de cupins ao longo de um gradiente elevacional tropical. *Biotropica*, *49*(2), 186-194.

Nyaberi, T. e Wandiga, B. (2001). As principais causas da insegurança alimentar no Quénia. *Kenyan Journal of Science*.**1:** 44-49.

Nyukuri, R. W., Kirui, S. C., Cheramgoi, E., Mwale, R., & Koskei, G. C. (2014). Efeitos dos métodos de preservação na composição proximal das térmitas (Isoptera: Termatidae). *Jornal de nutrição alimentar* 8(1), 14-26.

Nyukuri, R. W., Mwale, R. E., Kirui, S. C., Cheramgoi, E., & Koskei, G. C. (2014). Valor alimentar das térmitas (Isoptera: Termitidae) no oeste do Quénia: Comparação com peixe tilápia e carne vermelha. *Revista internacional de ciências biológicas* 5(3) 38-52.

Odeny, N. (2006). Problema da dependência da agricultura na situação alimentar do Quénia. Kenyan *Journal of Science*.**4**: 33-38.

Oibiokpa, F. I., Akanya, H. O., Jigam, A. A., Saidu, A. N., & Egwim, E. C. (2018). Qualidade proteica de quatro espécies indígenas de insectos comestíveis na Nigéria. *Ciência dos Alimentos e Bem-Estar Humano*, *7*(2), 175-183.

Patel, J. S., Lee, S. B., Chouvenc, T., & Su, N. Y. (2020). Inferindo o tamanho da colônia de cupins usando o consumo de madeira em cupins subterrâneos (Blattodea: Rhinotermitidae) em condições de criação em laboratório. *Jornal de entomologia económica*, *113*(2), 905-910.

Patrick, S.K. (2008). Lipids metabolism and pathways.*Functional Biology*.**344**: 122-134.

Pervez, A. (2018). Biologia das térmitas e comportamento social. Em *Termites and Sustainable Management* (pp. 119-143). Springer, Cham.

Pranesh, M., & Harini, B. P. (2015). Diversidade e padrão de distribuição de térmitas em relação à interferência humana: um estudo no Campus Jnanabharathi, Bangalore, Índia. *The Ecoscan*, *9(5)*, 671-676.

Puche, H. & Su, N. Y. (2001b). Population density of subterranean termites (Isoptera: Rhinotermitidae) on tunnel formation in laboratory arenas. *Sociobiology*, 38, 523-530.

Rau, V., & Korb, J. (2021). O efeito do estresse ambiental no envelhecimento em uma espécie de cupim com baixa complexidade social. *Transações Filosóficas da Royal Society B*, *376* (1823), 20190739.

Scharf, M. E. (2015). Investigação ómica em térmitas: uma visão geral e um roteiro. *Fronteiras em genética*, *6(3)*, 76-84.

Sugio, K., Miyaguni, Y., & Yoshimura, T. (2020). Sincronização do surgimento de alados entre colônias e estratégia de dispersão no cupim de madeira seca Ryukyu Neotermes sugioi (Isoptera: Kalotermitidae). *Insectes Sociaux*, 67(7), 309-316.

Swaby, A. N. J. (2013). *Provisionamento parental em face de pressões patogénicas: Contribuições para a prole em um inseto social, o cupim de madeira úmida (Zootermopsis angusticollis)* (Tese de doutorado, Northeastern University).

Tejpal, C. S. (2020). Nutrição de peixes e tecnologia de alimentação. ICAR - Instituto Central de Tecnologia das Pescas.

Tong, R. L., Grace, J. K., Mason, M., Krushelnycky, P. D., Spafford, H., & Aihara-Sasaki, M. (2017). Distribuição de espécies de cupins e períodos de voo em Oahu, Havaí. *Insectos*, *8*(2), 58.

Traniello JFA, Leuthold RH (2000) Behavior and ecology of foraging in termites. In: Abe T, Bignell DE, Higashi M (eds) Termites: evolution, sociality, symbioses, ecology. Kluwer Academic Publishers, Londres, pp 141-168

Viana, L. R., Tobar, N., Busanello, E. N. B., Marques, A. C., de Oliveira, A. G., Lima, T. I., ... & Silveira, L. R. (2019). Dieta rica em leucina induz uma mudança no metabolismo tumoral de glicolítico para fosforilação oxidativa, reduzindo o consumo de glicose e metástase em ratos portadores de tumor Walker-256. *Relatórios científicos*, *9*(1),

Waiganjo, N.N., Mutai, J.L., Lindi, T.R. e Abdala, M.M. (2006).*Situação da segurança alimentar no Quénia: Desafios do novo milénio*. Procedimentos da 4th Conferência Internacional sobre Alimentação. Nairobi, Quénia.

Waiyaki, I. N. (2016). *Desenvolvimento financeiro, crescimento económico e pobreza no Quénia* (Dissertação de doutoramento, Universidade de Nairobi).

Wan Umar, W.A.S.,&Ab ,Majid A.H, (2022). Factores ecológicos que afectam a abundância das proporções trabalhador-soldado e o consumo de madeira de coptotermes gestroi(Wassman)(Blattodea Rhinotermitidea) num ambiente urbano tropical. *Revista Internacional de Ciência dos Insectos Tropicais,* 43(3), 2593-2602.

Wanyonyi K, Darlington JPEC, Bagine RKN (1984). A check-list of the species of termites (Isoptera) recorded from East Africa. *Journal of the East African Natural History Society and National Museum*. No. 181 p. 1-12.

Were A.H., Hussein, S.D., Jackton, M.M., Kibigoss, E.S. e Murei, L.P. (2008).Poverty in Kenya.*Kenyan Journal of Science*.**5**: 199-207.

Wilson, E. O., & Nowak, M. A. (2014). A seleção natural impulsiona a evolução dos ciclos de vida das formigas. *Actas da Academia Nacional de Ciências*, *111*(35), 12585-12590.

Wolfe, R. R., Baum, J. I., Starck, C., & Moughan, P. J. (2018). Fatores que contribuem para a seleção de fontes alimentares de proteína dietética. *Nutrição Clínica*, *37*(1), 130-138.

Woon, J. S., Boyle, M. J. W., Ewers, R. M., Chung, A., & Eggleton, P. (2019). As tolerâncias ambientais dos cupins estão mais ligadas à dessecação do que à temperatura em florestas tropicais modificadas. *Insectes Sociaux*, *66*(1), 57-64.

Yan, H., Simola, D. F., Bonasio, R., Liebig, J., Berger, S. L., & Reinberg, D. (2014). Insetos eussociais como modelos emergentes para epigenética comportamental. *Nature Reviews Genetics*, *15*(10), 677-688.

Yang, Q. Q., Suen, P. K., Zhang, C. Q., Mak, W. S., Gu, M. H., Liu, Q. Q., & Sun, S. S. M. (2017). Melhor desempenho de crescimento, eficiência alimentar e disponibilidade de lisina em ratos em crescimento alimentados com arroz biofortificado com lisina. *Relatórios científicos*, *7*(1), 1-11.

Yoro, D. T., N'guessan, K. F., Dabonne, S., Kouassi, N. K., Kofi-Nebry, R., & Kouamé, L. P. (2014). Diversidade de leveduras no trato intestinal do cupim que cultiva fungos Macrotermes subhyalinus. *Int J Adv Res*, 2(8), 139-150.

Zehra, S., & Khan, M. A. (2016). Requisito total de aminoácidos de enxofre e valor máximo de substituição de cisteína por metionina para alevinos *Aquaculture Research*, *47*(1), 304-317. Richardson, Steven e Qian Sun (2023). Efeitos da humidade do solo na escavação de túneis, sobrevivência e consumo de alimentos das térmitas subterrâneas Formosas e Orientais (Blattodea: Rhinotermitidae). Environmental Entomology, nvad049.

ÍNDICE

More
Books!
yes

MIX
Papier aus verantwortungsvollen Quellen
Paper from responsible sources
FSC® C105338

Printed by Books on Demand GmbH, Norderstedt / Germany